OBSERVATIONS

DU CITOYEN

LE FOLLET

PRÉSIDENT

DU TRIBUNAL CRIMINEL

DU DÉPARTEMENT DE LA MANCHE,

Sur le Projet de Code criminel, correctionnel et de Police présenté par une Commission nommée par le Gouvernement.

~~~~~~~~~

A COUTANCES, de l'Imprimerie de J. N. AGNÈS, an douze,

TABLE
DES CHAPITRES.

F I N.

J'Espère qu'en lisant ces observations on voudra bien s'attacher aux idées qu'elles contiennent plus qu'aux négligences et aux incorrections sans nombre qu'on y remarquera. Je ne les destinais point à l'impression. Il y a deux mois le Grand-Juge ayant chargé les Tribunaux de lui transmettre leurs observations pour le premier prairial, je me livrai à ce travail, et chaque jour j'ai écrit quelques pages dans les intervalles que mes fonctions m'ont laissé libres. Ce ne fut que quand je m'arrêtai pour copier ce que j'avais écrit, que je m'aperçus que j'avais fait un volume; je considérai que personne n'aurait le courage de lire un si gros manuscrit; je me décidai à le faire imprimer uniquement pour le rendre lisible et non pour le publier; il n'en sera tiré que quelques exemplaires.

Je serais inconsolable, si quelques-unes de mes expressions pouvaient faire naître le moindre doute sur mon respect pour les Magistrats dont les noms sont placés à la tête du projet. Ce serait à moi et non à eux que je ferais tort par une attaque indiscrecte et par une critique amère. Mais j'espère qu'on ne qualifiera point ainsi quelques phrases où j'ai pu fortement exprimer mon improbation sur certaines dispositions qu'ils proposent; si on croyait y remarquer trop de roideur, j'ose me flatter qu'on voudra bien l'attribuer en partie au peu d'usage que j'ai à écrire, en partie à la contention de mon esprit bien plus occupé des opinions que j'avais à combattre que des personnes.

Je n'ai point eu la vanité de vouloir entrer en lutte avec des hommes dont la supériorité est bien

reconnue. Mais j'ai cru qu'il était permis de les supposer susceptibles d'erreur et qu'il n'y avait point
de témérité à placer à côté de l'ouvrage du génie les
réflexions que m'a suggéré une assez longue pratique. On ne réunit pas toujours à la hardiesse des
conceptions la rectitude que donne la seule expérience.

Au surplus quoique j'aie combattu de bien bonne
foi leurs opinions , je ne suis pas convaincu que les
miennes soient préférables. Je sais trop qu'il est facile de trouver des inconvéniens dans tous les systèmes ; la grande difficulté est d'en créer qui en
soient exempts. Cette réflexion qui doit toujours tenir le Législateur en garde contre la tentation d'innover est aussi bien propre à me préserver d'une
ridicule confiance dans mes idées. Cependant je pense
que les apperçus que j'ai offerts sur le perfectionnement de la Police , sur le Jury d'accusation ,
sur le jugement des faux témoins et sur la formation des listes méritent sur-tout d'être médités.

De ce que je n'ai loué aucune partie du projet il
ne faut pas conclure que je le condamne en totalité.
Au contraire , de ce que je n'ai critiqué que quelques articles , il résulte que je l'approuve en masse.
Il y a bien cependant encore quelques dispositions
sur lesquelles je ne pense pas comme la commission.
J'aurais même eu beaucoup d'observations à faire
sur le code pénal , quoique bien amélioré ; mais la
brièveté du temps et mes occupations m'ont obligé
de me concentrer dans les parties que j'ai traitées.
J'ai employé tous les instans que les affaires publi-
ques m'ont laissé libres. Je les croirai bien employés
si une seule de mes idées est jugée utile.

OBSERVATIONS

Sur le projet de Code criminel, correctionnel et de police, présenté par une Commission nommée par le Gouvernement.

CE projet divisé en deux parties a pour objet, dans la première, les délits et les peines ; dans la seconde, la Police et la Justice. On ne peut méconnaître que la première partie offre une grande amélioration dans la législation criminelle. La classification des délits, la graduation des peines sur la gravité des crimes, leur rapport avec l'état et les habitudes présumées des coupables, la latitude donnée aux Juges dans la fixation de leur durée, selon les circonstances plus ou moins graves, et enfin la prévoyance presque infinie des dispositions pénales sont des titres qui recommandent les Auteurs du projet à la reconnaissance de la Nation, et sur-tout de ceux qui sont chargés d'administrer la justice criminelle.

Ce serait cependant blesser la vraisemblance que d'affirmer qu'un ouvrage aussi étendu ne contient pas quelques défauts. J'oserai dire au contraire qu'on y remarque des omissions importantes, telles que le cas de duel qui n'y est pas prévu, et qui embarrasse les Tribunaux chaque fois qu'il se présente. On y trouve peut-être des rédactions un peu obscures. Il y a des dispositions trop vagues, telles que celles de l'article 271 qui répute assassins » les malfaiteurs qui, pour, l'éxécution

A

» de leurs crimes ; employent des *tortures et des* » *actes de barbarie.* » Il y en a de trop limitatives, telles que celles de l'article 262 qui ne répute la défense légitime, dans les cas d'escalade et d'effraction, que lorsqu'elles sont commises la nuit et par plusieurs personnes. Il y en a de trop sévères, telles que celle qui punit le simple meurtre comme l'assassinat et l'empoisonnement.

Mais on a l'espoir que ces légères imperfections pourront être apperçues par les Auteurs eux-mêmes dans une relute de leur ouvrage et corrigées par une nouvelle rédaction.

Il en est autrement des vices qui peuvent exister dans l'organisation de la police et du sistème judiciaire; ils sont le résultat d'une opinion rélléchie et discutée entre les membres de la commission ; ils sont d'ailleurs d'une importance plus grave, puisqu'ils tiennent aux bases de l'institution qu'il s'agit de régénerer ou de proscrire entiérement. Or ne pouvant pas discuter toutes les parties de cet immense projet, dans le court espace de temps donné pour cela par le grand Juge, je me réduirai à ce qui concerne la Police et la Justice; et je dirai toute ma pensée avec la hardiesse qu'inspire un Gouvernement assez sage pour vouloir combiner les leçons de l'expérience avec les conceptions du génie.

CHAPITRE I.

De la Police en général.

S'il était possible d'assister aux conseils qui se tiennent entre les malfaiteurs, on serait convaincu qu'ils s'encouragent au crime, bien moins par l'espoir d'échapper à la Justice, s'ils lui étaient livrés, que par celui de se soustraire à la Police.

Cette vérité qui est de nature à être sentie de tout le monde, ne permet pas de douter que la multiplication des crimes ne tienne beaucoup plus à l'insuffisance de la Police qu'à l'imperfection de la Justice criminelle. S'il en est ainsi, le Législateur doit se mettre en garde contre les déclamations qui se multiplient contre l'institution des Jurés, et concevoir que son objet principal doit être le perfectionnement de la Police.

Dans le principe on avait confié ce pouvoir exclusivement aux Juges de paix et aux Officiers de gendarmerie, pour les cas ordinaires. L'ineptie de la plupart des Juges de paix, l'esprit de parti qui dirigeait les autres dans ces temps où la cabale présidait aux élections, l'avaient rendu entre leurs mains inutile ou vexatoire. Par la loi du 7 pluviôse an 9, on centralisa ce pouvoir dans les mains d'un Magistrat de sûreté commis dans chaque arrondissement, et les Juges de paix ne conservèrent, avec le droit de dresser des procès-verbaux, que celui de faire conduire dans certains cas les prévenus devant lui.

On avait aisément reconnu l'insuffisance d'une Police confiée à six mille individus distribués sur le territoire de la République, sans chef immédiat, étrangers à la législation criminelle, et peu zélés pour ce genre de fonctions accidentelles, qu'ils ne regardaient que comme un accessoire de leur fonction principale. Mais on a dû aussi bientôt s'appercevoir qu'un Magistrat unique, placé au centre d'un cercle de trois ou quatre myriamètres de rayon, ne peut pas étendre une surveillance assez directe et assez active sur toutes les parties d'un territoire si étendu; se transporter à la fois, malgré l'inclémence des temps et les mauvais chemins, aux extrémités opposées de son arrondissement, pour y observer et suivre les traces

fraîches de plusieurs délits simultanés, se retrou-
ver encore dans les mêmes lieux, au temps où les
coupables rassurés par l'inutilité des premières
recherches commencent à prendre moins de précautions pour cacher les effets de conviction, et
se trahissent quelquefois eux mêmes par leur propre indiscrétion.

En effet l'expérience a fait connaître que, malgré le zèle des Magistrats de sûreté, les instruc-
tions devenues très-dispendieuses par l'appel réi-
téré des témoins à des distances considérables,
ont été beaucoup plus imparfaites qu'auparavant.
Les Tribunaux criminels ont entendu maintes-
fois des témoins marquer leur étonnement au milieu d'un débat, de ce que telle personne, qui
avait des connaissances, n'était pas appellée : elle
ne l'avait pas été, parce que ces notions n'étaient
pas parvenues au Magistrat de sûreté trop-éloi-
gné, et parce que sur les lieux il ne restait personne qui s'inquiétât de l'affaire dont ce Magistrat
était saisi.

Les Auteurs du projet ont apperçu ce vice de
la loi du sept pluviôse. Ils ont tâché de le corri-
ger en rendant aux Juges de paix, même en donnant aux Adjoints des Maires, le droit d'entendre
sommairement les témoins. Mais qu'il soit permis
d'observer que ce n'est pas assez. On doit rendre
aux Juges de paix la plénitude de leurs fonctions
de police, sous la surveillance du Magistrat de
sûreté, qui aura le droit de concurrence et de
prévention sur eux; de manière que leur ministère soit suspendu, dès que ce Supérieur paraît,
et reprenne son cours, dès qu'il s'éloigne du théâ-
tre du crime. Il faut que les Juges de paix se regardent garans de la tranquillité de leur canton,
comme l'Adjoint doit l'être de celle de sa commune, et comme le Magistrat de sûreté l'est de celle

de tout l'arrondissement. Il faut plus : il faut dégager la police des entraves multipliées que de fausses idées de liberté lui ont fait imposer. Il serait difficile de fixer le nombre des coupables qui ont échappé à la faveur des formes qui paraissent moins prescrites en faveur de la liberté , qu'en faveur du crime. On n'a pas assez considéré que les premières recherches de la police sont des actes urgens , que les formes doivent beaucoup ralentir , par la timidité et l'embarras qu'elles causent à ceux qui en sont chargés.

Qu'on se fasse une idée de ces embarras. Un crime vient de se commettre, on présume qu'une visite domiciliaire faite à l'instant dans telle maison , ferait découvrir des effets de conviction. Il faut pour cela que l'Officier de police soit assisté d'une force armée ; mais il n'a pas de gendarmerie dans la campagne , et il n'a pas le droit de réquisition directe sur ses voisins. Il parvient difficilement à se faire une escorte; mais alors il se souvient qu'il doit rendre une ordonnance. Après avoir longuement réfléchi sur la forme de cette pièce qui ne lui est pas familière , il la fait en hésitant. Il court vers la maison suspecte ; mais ses préparatifs et ses hésitations ont consumé du temps; lorsqu'il arrive il est nuit , il est forcé de s'arrêter. Son escorte peu volontaire se disperse , le coupable est averti du mouvement , l'effet de conviction disparaît. Le lendemain cet Officier apprend que l'effet de conviction a été transporté dans une autre maison. On y conduit ses pas ; mais sur le point d'arriver, il trouve un ruisseau à franchir, ce ruisseau est la limite de son territoire; il faut qu'il se retire. Je suppose qu'il arrive sans obstacle à la maison suspecte , on lui en refuse l'entrée jusqu'à ce qu'il produise l'ordonnance qu'il a dû rendre. Doit-il l'exhiber ? La question

A 3

n'est pas décidée. D'une part on peut dire à quelle
fin rendre cette ordonnance, si elle n'est pas destinée à être vue? D'autre part il y a des affaires,
telles que celles de conspiration, amas d'armes,
etc., où la Police doit feindre d'ignorer le crime,
jusqu'à ce qu'elle ait saisi les coupables. Nouveau
motif de hésitation, nouvel obstacle. Enfin il a
découvert des indices contre quelqu'un ; mais on
vient lui dire que le prévenu prend la fuite : «
Courrez après, dit-il, arrêtez-le: » on lui répond:
» donnez-nous un mandat: » Il se hâte d'en faire
un, mais le prévenu a profité du temps, il est
sauvé. Enfin on arrête le coupable. Qu'en fera-t-
on pendant la nuit ? Le chef-lieu est éloigné. Il
n'y a pas de maison d'arrêt dans la campagne, et
la détention en maison privée est un crime. Les
recherches, la détention, la conduite du coupable occasionnent des frais; on ne sait comment y
pourvoir. Toutes ces difficultés intimident le Fonctionnaire public toujours peu exercé dans ce genre
de fonctions, et lorsqu'il est à la poursuite d'un crime, on ne peut douter qu'il ne forme le vœu secret
de ne pas trouver d'indices, afin d'être affranchi de
ces formalités qui compromettent sa responsabilité.

A la vue de tant de formalités protectrices du
crime, on serait étonné que les Juges de paix,
ayent autrefois arrêté et arrêtent encore des coupables, si l'on ne savait qu'ils n'y parviennent qu'en
les violant fréquemment, et que leurs Supérieurs
sont obligés de fermer les yeux sur ces infractions,
pour ne pas paralyser leur zèle. Pourquoi conserver des formes qui mettent le Fonctionnaire public dans l'alternative de se compromettre, ou de
compromettre les intérêts de la société ? Il est
bien essentiel au moins qu'on retranche toutes
celles que la constitution n'a pas rigoureusement
prescrites. On n' peut trop répéter, et on ne doit

jamais perdre de vue que bientôt il n'y aurait plus
de crimes , si les coupables n'avaient l'espoir de
se soustraire à la Police , et que peu s'y soustrai-
raient, si ce pouvoir était confié à des hommes
actifs, distribués de manière à pouvoir saisir, pour
ainsi dire , les coupables sur le fait , et dont rien
ne gênât les mouvemens.

Pour parvenir à ce but , il est nécessaire qu'un
Magistrat de sureté soit placé au centre de l'arrondissement , non pour exercer seul la police ,
mais pour en activer et en régulariser les mouvemens ; pour donner la forme aux matériaux que
ses Subordonnés devront lui préparer ; pour cor-
riger leurs erreurs et suppléer à leur insuffisance.
il est bon que dans chaque canton il y ait un Officier secondaire , plus rapproché du théatre du
délit , et qui puisse s'y porter plus promptement.
Mais l'Adjoint de la commune doit être le premier
debout. Son devoir est de courir sur le lieu du
délit à l'instant même ; de suivre la trace fraîche
des pas du coupable, de l'arrêter et de saisir les effets de conviction ; il a besoin pour cela de l'aide
de ses voisins, il doit être autorisé à les requérir sans formes. Il fera arrêter provisoirement qui-
conque sera prévenu par un léger indice: Il fera
même arrêter sur un simple soupçon tout homme noté précédemment comme suspect sur le re-
gistre de la Police. Il fera toutes visites domici-
liaires sur la commune , en vertu de sa seule qualité suffisamment connue. Il en fera même sur les
communes voisines , en cas d'indices puissans. Si
sa qualité est méconnue , il appellera l'Adjoint ,
et provisoirement la maison suspecte sera inves-
tie. Il sera exempt de responsabilité , s'il relâche
dans vingt-quatre heures l'homme arrêté sur un
simple soupçon , s'il n'est constant d'ailleurs qu'il
y a eu méchanceté.

A 4

Après ces premiers actes rapides que l'instinct
plus que les formes doivent diriger, il doit s'em-
presser d'avertir à la fois le Juge de paix et le Magistrat de sûreté. Il leur indique la nature du délit et se recueille ensuite pour en dresser procès-
verbal. Il persiste cependant, il entend les témoins, il interroge les prévenus ; mais son ministère cesse à l'arrivée du Juge de paix, comme
la fonction de celui-ci se termine à l'arrivée du
Magistrat de sûreté, s'ils ne sont respectivement
commis à quelque acte ultérieur d'instruction. Les
frais occasionnés par les recherches de l'Adjoint
doivent être une charge communale : ils sont taxés
par le Magistrat de sureté, et payés sans retard.

Sur l'avis donné au Magistrat de sûreté et au
Juge de paix, le premier examinera si le délit est
de nature à mériter peine afflictive ou infamante,
ou de simples peines correctionnelles. Dans le premier cas il pourra se transporter sur les lieux,
ou charger un Officier de gendarmerie d'aller y
faire l'instruction préparatoire ; ou laisser ce soin
au Juge de paix, selon l'opinion qu'il aura de sa capacité. Si le délit n'emporte évidemment qu'une peine correctionnelle, il laissera opérer le Juge de paix.

Dans tous les cas, celui-ci se transportera sur
le lieu dès qu'il sera averti, il vérifiera, autant qu'il
sera possible, les procès-verbaux et renseignemens qui lui seront remis par l'Adjoint, entendra
de nouveau le prévenu, les nouveaux témoins,
s'il y en a d'indiqués, même ceux qui auraient
déjà été entendus par l'Adjoint, s'il le trouve nécessaire.

Si le Magistrat de sûreté ou un Officier de gendarmerie, délégué par lui, se transportent sur les
lieux, ils vérifieront et pourront recommencer
les actes faits par les Juges de paix, et continueront
les recherches. Tout ce qui est dit de l'Adjoint,

relativement à la faculté de requérir main-forte ,
de faire des perquisitions , d'ordonner des arres-
tations , est commun aux Juges de paix , Officiers de gendarmerie et Magistrats de sûreté. Toute arrestation ordonnée même verbalement dans
les cas urgens par l'un des Officiers dénommés ,
s'exécutera à l'instant. Le code pénal déterminera
les peines encourues par ceux qui refusent de dé-
férer aux réquisitions qui leur sont faites. Si le
Juge de paix, l'Officier de gendarmerie ou le Magistrat de sûreté chargent quelque personne de
faire une visite domiciliaire , elle ne pourra, dans
ce cas , être faite qu'en vertu d'une ordonnance ,
et en présence de deux voisins. Ils pourront se
dispenser d'énoncer dans leur ordonnance l'objet de la visite , mais la personne chargée de la
faire y sera désignée. S'il est nuit , quand l'Officier qui se propose de faire une visite domiciliaire,
arrive à la maison suspecte, le maître de la maison sera sommé de consentir à la visite ; s'il refuse, la visite sera remise au lendemain , et la
maison sera cernée.

Les personnes de la commune où a été commis
le délit , n'auront aucun salaire , soit pour déposer sur les lieux , soit pour y assister les Officiers
de police , soit pour garder le prévenu ; mais s'ils
sortent de leur commune , leur vacation sera ta-
xée ainsi que celle des témoins étrangers à la commune , et payés au bureau d'enregistrement le
plus prochain. Il sera fait un état de tous autres
frais extraordinaires , qui sera rendu exécutoire
par le Magistrat de sûreté.

Si un homme arrêté sur un faux soupçon , doit
être relâché au plus tard dans vingt-quatre heures,
celui même contre lequel il y a des indices, ne peut
être retenu sur les lieux en maison privée , qu'autant de temps que sa présence est nécessaire pour

faciliter la recherche des premières preuves. Or il est rare qu'il faille plus de trois jours. On peut donc fixer à ce terme la détention du prévenu sur les lieux. Si des circonstances extraordinaires exigeaient une plus longue détention, le Magistrat de sûreté en serait instruit. Pendant ce temps le prévenu sera détenu sans rigueurs, et seulement gardé à vue dans une maison publique, s'il y en a ; ou dans telle autre maison qui sera indiquée par l'Adjoint. On ne pourra l'empêcher de communiquer avec ses parens, s'il n'y a de justes causes et une défense par écrit de la part de l'Officier de police.

Les trois jours écoulés et même plutôt, s'il est possible, le prévenu sera envoyé avec les renseignemens recueillis au Magistrat de sûreté. Mais s'il survient postérieurement des renseignemens nouveaux, ils seront exactement reçus par l'Adjoint qui les transmettra dans les vingt-quatre heures au Juge de paix, et celui-ci, dans les trois jours, au Magistrat de sûreté. En cas d'indices découverts sur les coupables ignorés jusqu'alors, ou sur les effets de conviction, ils agiront respectivement, comme il est dit ci-dessus.

L'instruction provisoire étant transmise au Magistrat de sûreté, dans tous les cas où il ne s'est pas transporté sur les lieux, il examinera si elle est faite avec clarté et précision ; en ce cas les pièces de cette instruction seront pièces du procès, et pourront servir de base à l'acte d'accusation. S'il en pense autrement, il recommencera cette instruction, et, dans ce cas, les actes jugés imparfaits seront distraits du procès, et ne pourront être opposés à l'accusé. Mais il ne peut annuller un acte d'instruction pour le recommencer, que de concert avec le Magistrat sédentaire, qui concourt avec lui à l'instruction du procès.

Beaucoup de personnes blâmeront l'idée de mettre à la fois plusieurs Officiers de police en mouvement pour la recherche d'un crime; de donner à un simple Adjoint le droit d'arrestation; d'autoriser les Officiers de police à faire des visites sans ordonnances, et à en faire dans certains cas hors de leur territoire; enfin d'autoriser pendant trois jours la détention d'un prévenu sur le lieu du délit. Mais on doit considérer 1.º que l'action des divers Officiers de police ne peut opérer de confusion, parce qu'elle n'est point simultanée; 2.º que le droit d'arrestation, donné à l'Adjoint, ne peut guères avoir d'application qu'à l'égard de personnes de sa commune; qu'il n'est pas à craindre qu'il en abuse pour arrêter un honnête homme que l'opinion publique environnerait, et que ses injustices seraient bientôt réparées par le Juge de paix qui ne tardera pas à survenir; 3.º qu'une ordonnance rendue par un Magistrat pour s'autoriser lui-même à faire une visite est une forme dérisoire, s'il la retient en poche; qu'elle est dangereuse, s'il la communique, et que dans tous les cas elle a l'effet de ralentir l'action; 4.º que l'autorisation donnée à un Officier de police de poursuivre ses recherches sur un territoire voisin, quand des indices puissans l'y déterminent, a lieu dans le cas de fausse monnaie, et qu'on n'en a reconnu aucun inconvénient; 5.º enfin qu'un homme détenu par suite des indices découverts contre lui, doit rester sur les lieux pendant l'instruction provisoire, et que la nécessité plus forte que toutes les lois en a fait admettre l'usage. On ne peut appeller détention en chartre privée la précaution de garder un homme à vue dans un lieu déterminé par l'Officier de police.

Au surplus quelque opinion qu'on prenne de mes propositions à cet égard, il est du moins indispensable que les Adjoints et les Juges de paix restent chargés de recueillir les renseignemens qui surviennent après l'envoi des prévenus et des pièces au Magistrat de sûreté. L'expérience a prouvé que les révélations les plus importantes n'ont souvent lieu que quelque temps après le délit et qu'elles ne parviennent que rarement au Magistrat de sûreté, quand il est éloigné, et quand il ne reste personne sur les lieux chargée de les recueillir.

CHAPITRE II.

Du Propréteur considéré comme Officier de police.

On peut aisément concevoir l'utilité d'un pouvoir central établi pour stimuler les agens de la police et suppléer à leur insuffisance ; mais on ne conçoit pas également l'indispensable nécessité de créer, sous le nom de Propréteur, un autre Officier de police dans chaque arrondissement. Deux motifs peuvent déterminer à créer de nouveaux offices ; 1.º la multiplicité des fonctions; 2.º leur incompatibilité.

Or d'une part, d'après les calculs établis par les Auteurs du projet, le nombre moyen des affaires portées à chaque Tribunal criminel, est cinquante. Si l'on suppose quatre arrondissemens dans chaque département, il s'ensuit que chacun fournit une affaire par mois au Tribunal criminel. Si le Jury d'accusation acquitte la moitié des prévenus, il s'en suit encore que le nombre des affaires criminelles instruites dans chaque arrondissement est de deux par mois; à quoi il faut ajouter le petit nombre de procès correctionnels qui s'instruisent d'office; le tout ne forme pas plus de trois affaires par mois, commises aux soins du Magistrat de sûreté. Supposons qu'elles s'élévent au nombre de six dans les arrondissemens populeux , ce nombre n'est point excessif , il ne surpasse point les forces d'un seul homme , et ne fait point une nécessité de lui donner un auxiliaire.

D'autre part , quel est, dans l'intruction des affaires le genre de fonctions qu'on ne peut sans danger laisser au Magistrat de sûreté ? Par la loi du 7 pluviôse an 9 , il parait avoir été créé pour provoquer et activer l'instruction des procès criminels, non pour faire lui-même aucun acte d'instruction. Les Auteurs du projet ont pensé avec raison qu'il convenait de lui donner des fonctions plus réelles. En conséquence il est autorisé à entendre les témoins , à interroger les prévenus , à dresser des procès-verbaux , en un mot à faire tous actes d'instruction jusqu'à ce que le Propréteur puisse être saisi de l'affaire. Le Propréteur peut à la vérité recommencer ces actes ; mais ce n'est pas une obligation pour lui , et on doit prévoir qu'il ne le fera presque jamais. Ces premiers actes d'instruction faits par le Magistrat de sûreté seront donc mis au nombre des pièces légales du procès.

Or si la loi investit ce Magistrat de sa confiance pour la confection de ces premiers actes , qui sont communément les plus importans , pourquoi la lui refuserait-elle , lorsqu'il s'agit d'interroger de nouveau le prévenu ou d'entendre quelques nouveaux témoins ? il faut convenir qu'il n'y a aucune raison de partager ainsi entre deux Magistrats des fonctions du même genre. Craindrait-on l'influence du Gouvernement sur un Officier revocable ? Il n'y aura jamais de Gouvernement assez corrompu pour commander à ses agens de recueillir infidèlement les déclarations des témoins ou des accusés , qui d'ailleurs ayant la faculté de s'expliquer oralement dans la suite , couvriraient de

confusion le Magistrat indigne, qui aurait aussi
bassement abusé de son ministère. Craint-on que
cet Officier ne soit distrait de ses autres recherches, qui peuvent exiger des déplacemens impré-
vus ? Il est vrai qu'il peut arriver des cas où il sera
obligé de se transporter subitement au loin, mais
ces cas sont rares, et si alors il est occupé à une
information, il y sera suppléé par un des Juges du
Tribunal.

Il est donc vrai, qu'on peut sans inconvénient
laisser au Magistrat de sûreté, le soin de toute
l'information. Je sais que cette opinion paraîtra
révoltante à ceux qui ne peuvent détacher leurs
pensées de l'ancienne procédure criminelle. Alors,
l'instruction écrite était d'une importance très-
grave, puisqu'elle servait de base au jugement ;
mais parmi nous, elle ne consiste qu'en de simples renseignemens; son principal objet, est d'instruire ceux qui sont chargés de décider s'il y a lieu
à accusation ; et en dernière analyse, cette procédure que l'on veut faire avec tant de solennité,
ne sert gueres dans l'organisation actuelle, qu'à
faire juger si un prévenu restera en prison quinze
ou vingt jours de plus ou de moins.

Je ne contesterai pas cependant qu'un Magistrat de sûreté, ne pût étrangement abuser de
son pouvoir, s'il était seul, soit en prolongeant
arbitrairement la détention des prévenus, soit en
donnant à des actes indifférens le caractère de crime etc., aussi je ne propose pas d'abandonner à
lui seul le soin du procès criminel ; mon but est
d'établir qu'on peut sans inconvénient lui laisser
le droit de continuer l'information qu'il a commen-
cée, afin de ne pas distraire les juges du Tribunal de leurs fonctions civiles. Mais je n'interdis
point à ceux-ci, le droit d'entendre eux mêmes
les témoins et les prévenus, lorsqu'ils croiront

avoir besoin de nouveaux éclaircissemens, ou lorsque les prévenus le demandent par des motifs
plausibles, ou lorsqu'il y a de justes soupçons sur
l'impartialité du Magistrat de sûreté. Il est bon
d'ordonner que le Magistrat civil soit instruit de
la détention d'un prévenu, dès 'qu'il arrive dans
les prisons ; qu'il vise à cet effet le mandat de dépôt ; qu'il puisse quand il le veut prendre communication des pièces et voir les progrès de l'instruction ; c'est à lui de statuer sur la compétence,
de décerner le mandat d'arrêt, de recevoir à
caution etc.

Or si l'on donne seulement au Magistrat civil,
le pouvoir facultatif d'entendre les témoins et les
prévenus, pouvoir dont il usera peu fréquemment, il ne lui reste de fonctions réelles en matière
criminelle, que l'ordonnance de compétence,
le mandat d'arrêt, les réceptions à caution et le
soin de diriger le jury d'accusation. Certes, des
fonctions aussi bornées et aussi faciles, ne méritent pas la création d'une nouvelle place. Un des
juges du Tribunal peut les remplir, sans être sen-
siblement distrait de ses fonctions civiles,

Je prévois sans peine toute la répugnance qu'on
aura à confier l'information à un Magistrat qu'on
s'est accoutumé à considérer comme partie ; mais
je suis fortement persuadé que cette répugnance
procède d'une confusion de pensées. Le Magistrat
de sûreté tel que je le conçois, n'est pas plus partie dans les affaires que ne l'étaient, sous l'em-
pire de la loi du trois brumaire, les juges de paix
qui de leur chef informaient, dressaient des procès-verbaux, décernaient mandat d'arrêt ; il ne
l'est pas plus que ne l'étaient alors les directeurs
du jury qui, dans certaines matières, faisaient
tous les mêmes actes, et de plus réglaient la compétence et dirigeaient le Jury d'accusation. Au

contraire le Magistrat de sûreté n'agira presque jamais que d'après la provocation des adjoints, des juges de paix, et n'aura le droit ni de régler la compétence, ni de décerner mandat d'arrêt, ni de diriger le Jury ; au surplus., si on persiste à le considérer comme partie, il faudrait lui ôter le pouvoir de faire aucuns des actes, qui peuvent influer sur le sort du prévenu ; mais on conçoit que ce serait concerver le Magistrat et supprimer toutes ses fonctions.

Laissons donc faire à cet officier, tout ce qu'il peut bien faire, tout ce qui exige du zèle et de la célérité. Qu'il parcourre l'arrondissement ; qu'il poursuive les coupables à la trace ; qu'il les saisisse, les interroge, les retienne provisoirement ; qu'il entende les témoins ; dresse des procès-verbaux ; et qu'après avoir amassé tous les matériaux qu'il a pu recueillir, il vienne les déposer entre les mains d'un Magistrat civil, ou d'un Tribunal entier qui dépouillé des préventions qui peuvent avoir séduit le Magistrat poursuivant, examine avec sang froid la nature du crime, la force des indices, et décide à la fois si le fait est de nature à être puni et s'il y a des charges suffisantes pour arrêter le prévenu.

Telle est l'idée que je me suis faite d'une police active et vigoureuse, dont l'absence parmi nous, est une des causes de la fréquence des crimes ; elle n'aura jamais la vigueur et la célérité nécessaires, si on divise entre plusieurs la tâche qu'un seul peut bien remplir, parce que dès que la responsabilité et l'honneur se partagent, il n'y a plus de principe d'activité. N'est il pas permis de prendre encore en considération l'épargne des deniers publics. Les procédures sont devenues extrèmement dispendieuses ; depuis la loi du sept pluviôse, souvent les témoins sont appellés trois fois, la première par les juges de paix, dont quelques uns

ont conservé l'usage d'informer ; la seconde par
le Magistrat de sureté qui fait lui même une information , sous le nom d'actes de recherches , et
la troisième par le directeur du jury qui seul
donne la forme légale à ces informations.

Il me reste à exprimer le vœu , que le traitement destiné au Propréteur, soit attribué par sup-
plément au Magistrat de sureté. Je desire que cet
Officier , quoique pris dans la classe des hommes de loi , soit revêtu d'un costume militaire et
non d'une robe qu'il ne peut porter en campagne ; il doit être obligé d'entretenir un cheval , à
fin d'être toujours prêt à se porter où sa présence
est nécessaire. Il doit , accompagné de quelques
gendarmes , faire deux tournées par an dans tout
l'arrondissement, voir les Juges de paix , les Adjoints , recevoir leurs notes , leur donner ses conseils. Enfin il doit avoir une dénomination simple , facile à retenir et à prononcer. Qu'on le
nomme lui-même Propréteur ou autrement. Il
importe qu'un Magistrat , dont il est nécessaire
de réveiller souvent l'idée , ne s'appelle pas
*le Substitut du Commissaire du Gouvernement
près le Tribunal criminel de ce département.*

CHAPITRE III.

Du Tribunal de Police.

En élevant la compétence des Tribunaux de police en matière de contravention , la Commission
a jugé nécessaire de changer l'organisation de ces
Tribunaux ; mais les précautions qu'elle a prises
pour forcer l'un des membres de ce Tribunal à
remplir ses fonctions , attestent seules qu'il ne les
remplira pas volontiers et qu'il jettera du désordre
dans la marche de cette institution. Je parle du

B

citoyen Adjoint au Juge de police et au Juge de
paix qu'on force de remplir des fonctions gratuites. Il faut bien se pénétrer de cette vérité, que
les fonctions gratuites ne conviennent à personne, excepté aux hommes très-riches, auxquels elles
confèrent une grande autorité; l'homme médiocre-
ment fortuné, est quelquefois flatté de l'honneur
qu'on lui fait par un choix qui le distingue; il
s'applaudit de la distinction, mais il prend l'honneur qui lui en revient et laisse les charges pour
s'occuper de ses affaires. On forcera par des amendes ce Juge à faire son devoir, ou un autre citoyen
par amendes et prise de corps à le remplacer ;
mais quelle idée le peuple aura-t-il d'un Tribunal ainsi composé par la force , et peut-on proposer de traîner un Juge à l'audience pour le forcer de juger ?

La création d'un Juge de police , pris parmi les
Suppléans de l'arrondissement, est une imitation
de la cour des quatre sessions genérales de paix
en Angleterre , où l'on doit appeller dans les cas
difficiles un Juge du banc du Roi des playdoiers
communs ou des assises. Mais il faut observer que
ce n'est que dans les cas difficiles et par extraordinaire qu'on évoque ce Juge. Ici un Suppléant
sera tenu d'aller présider une fois par mois le Tribunal de paix dans chaque canton ; si l'on suppose qu'il y ait dix cantons dans chaque arrondissement , voilà dix jours de séance par mois pour
ce Juge ; en supposant encore que toutes les affaires s'expédient en un jour. Il lui faut de plus
un jour pour aller et un jour pour revenir dans
les cantons éloignés et dans l'hiver. On pourrait à la
vérité distribuer les audiences de manière qu'il
allât de proche en proche et successivement dans
les divers cantons , sans revenir au chef-lieu. Mais
si on fixe de suite les dix jours d'audience, et que

la première soit prolongée au-delà d'un jour ; pour quelque cas extraordinaire, toutes les autres audiences seront dérangées. Si le Juge est pris de mal dans sa tournée , le cours des audiences sera suspendu jusqu'à ce qu'on ait pu le remplacer.

On ne peut donc gueres fixer de suite les audiences de tous les cantons ; il faudra donc que le Juge passe les deux tiers du temps à aller et venir. Or quel traitement fait-on à ce Magistrat assujetti à être toujours en bottes , toujours courrant dans les fondrières, et logeant dans de sales cabarets, quand il en trouve ? On lui donne environ 2 fr. 75 c. par jour d'audience. On peut dire qu'un homme riche n'acceptera pas une fonction si pénible. Pour celui qui ne l'est pas , un traitement si borné ne peut pas tenir lieu d'un état ni mettre un Juge dans le cas de jouir de quelque considération.

On a senti la nécessité, en créant un Juge ambulant , qui va juger par chevauchée, de distribuer ses audiences de mois en mois dans chaque canton ; mais on doit considérer que par l'agrandissement donné à la compétence des tribunaux de police , ils seront compétens de presque tous les délits forestiers et en général de tous dégats commis par les bestiaux. Or peut-on attendre un mois pour statuer sur des bestiaux saisis et mis en fourrière , qui se consument par leurs dépenses ? C'est faire évanouir le gage du Gouvernement et celui des particuliers.

Il faut donc renoncer à l'idée d'un établissement dont la singularité peut séduire , mais qui par sa complication et la combinaison d'élémens disparates , se détruirait bientôt lui-même. J'applaudis toutefois au dessein d'augmenter la compétence des Tribunaux de police , et je reconnais le danger de donner au seul Juge de paix un pouvoir aussi important. Sans la considération de l'inconvénient de différer le jugement de certaines affaires, je proposerais la réunion de trois Juges de paix les plus voisins, pour former une fois par mois le Tribunal de police dans leurs cantons respectifs ; mais cette considération me retient. Je ne connais de parti sage à proposer que celui d'autoriser le Juge de paix à juger seul, et d'admettre l'appel de ses jugemens, quand ils prononcent une détention de plus de trois jours, la confiscation de quelque objet évalué plus de cinquante francs, ou une amende de vingt-cinq francs.

CHAPITRE IV.

Du Jury d'accusation.

La forme de procéder devant le Jury d'accusation paraît peu susceptible de critique, si l'on conserve cette partie de l'institution. Il m'en coûte de manifester mes doutes sur ce point; je trouverai peu d'approbateurs ; mais je suis résolu de satisfaire au vœu du Gouvernement qui attend des Juges l'expression de toute leur pensée sur les diverses parties du projet. Or je pense que l'institution du Jury d'accusation est inutile, et même qu'elle a de mauvais effets. Qu'on ne m'accuse pas de vouloir innover, en attaquant un établissement consacré. J'ose dire que nos Législateurs constituans, en voulant créer parmi nous un système nouveau de procédure criminelle, n'ont pas été assez en garde contre l'esprit d'imitation qui leur a fait introduire dans leur plan des pièces bien adaptées au système anglais, et qui sont déplacées dans le leur.

Le Jury d'accusation est nécessaire chez les Anglais où les sessions de jugement n'ont lieu

que de six mois en six mois. Dans ce pays-là c'est un
acte très-important que celui qui met un citoyen
en jugement , puisque par cet acte seul il est pri-
vé de sa liberté jusqu'aux prochaines assises , et
si quelque motif, comme l'absence d'un témoin ,
fait renvoyer le procès d'une session à une autre,
la détention qui en résulte veut être d'une année.
Là l'autorité qui accuse est différente de celle qui
juge. C'est le pays , ce sont les grands proprié-
taires qui demandent justice au peuple. Mais parmi nous , ou jusqu'ici du moins , tout accusé
a dû être jugé dans le mois; parmi nous , où jusqu'à ce jour encore, les Jurés d'accusation et de
jugement ont été pris sur la même liste , le Jury
d'accusation est vraiment une superfluité de garantie pour le prévenu.

L'accusation prononcée contre un prévenu, est
un acte par lequel on déclare qu'il y a lieu de le
juger. Ce serait une formalité fort importante ,
même parmi nous , si les poursuites et l'arrestation n'étaient exécutées que par suite de cette décision. Mais elle ne se rend que quand tous les
actes rigoureux sont exercés. Le prévenu languit
depuis long-temps dans les fers, quand on s'avise
de prononcer qu'il doit y être mis , et les formalités préparatoires de cette décision prolongent
souvent la détention plus que n'aurait fait le jugement.

La décision par laquelle un citoyen est accusé,
serait encore d'une grande importance, si elle avait
lieu immédiatement après l'arrestation , puisqu'elle
le soumettrait, ou le soustrairait , non seulement
à l'appareil et aux chances d'un jugement criminel , mais encore aux longueurs de l'instruction
préparatoire. Mais il est impossible que le Jury
prononce ni avant ni immédiatement après l'arrestation. Avant, parce qu'il faut que l'Officier de

B 3

police ait le droit d'arrêter incontinent tout homme prévenu d'un crime ; immédiatement après ,
parce qu'alors les charges n'étant pas recueil-
lies, le prévenu serait presque toujours renvoyé ,
fût-il coupable.

Or quand , après une longue détention, tous
les actes de recherches sont épuisés , quel intérêt présente au prévenu la formalité de l'accusation ? S'il était traduit immédiatement au Tribunal criminel , il serait jugé presque aussitôt ; au
lieu que par le résultat de l'accusation il est souvent retardé d'un mois. Voici comment : supposez l'instruction terminée le trente messidor ; si
le prévenu est alors traduit au Tribunal criminel , il sera jugé le 15 thermidor. Mais il faut
quinze jours pour remplir les formalités de l'accusation ; il ne pourra être envoyé au Tribunal criminel que vers le 15 thermidor , et il ne sera jugé
conséquemment qu'à la session de fructidor.

Le prévenu, je l'avoue , n'est pas toujours mis
en accusation , et quand il est acquitté par le premier Jury , il n'éprouve point le retard dont je
me plains ; mais toujours est-il vrai qu'il éprouve
peu d'accélération ; et quand il gagnerait quelques jours , cela ne vaut pas la peine d'exposer
ceux qui sont accusés à de fréquens retards d'un
mois.

Ce n'est pas , dira-t-on , sous le rapport de l'accélération que le Jury d'accusation intéresse les
prévenus ; c'est sous le rapport d'une première
chance qu'il établit en leur faveur. Je n'apperçois
pas l'utilité de cette première chance. Elle est toute
en faveur du crime. En effet, ou il y a des charges
suffisantes pour accuser , ou il n'y en a pas de
telles. S'il n'y a pas de charges capables de moti-
ver l'accusation , le prévenu innocent ne peut jamais être condamné au Tribunal ; au contraire le

coupable peut souvent se sauver devant le Jury
d'accusation ; parce que l'instruction ne s'y fait
que sommairement ; parce qu'on n'y a pas de
moyens comme dans un débat solemnel , d'éclairer les Jurés , de les prémunir contre les dépositions des témoins complaisans, et parce que trop
souvent les Jurés , se méprenant sur l'objet de
leur mission , veulent avoir la même conviction
pour accuser que pour condamner. Aussi l'expérience journalière démontre que le Jury d'accusation sauve beaucoup plus de coupables que le
Jury de jugement.

Toutefois le but de mes observations n'est pas
d'établir qu'il faille indistinctement traduire au
Tribunal criminel tous les prévenus poursuivis
par la police. Je me suis proposé seulement de
prouver que le Jury d'accusation n'est point un
de ces établissemens qu'on doive regarder comme
le palladium de notre liberté , et qu'on peut sans
la compromettre , supprimer cette forme lente et
dispendieuse , s'il est possible de remplir son objet par un moyen plus simple.

L'objet vraiment utile de ce premier jury , est
de faire une sécretion des affaires qui doivent être
poursuivies de celles qui ne doivent pas l'être , afin
de ne pas surcharger à grands frais et envain le
Tribunal. Or quand après d'amples recherches ,
le Magistrat de sûreté et le juge civil adjoint à ses
fonctions , pensent qu'il n'y a pas lieu de traduire
un prévenu devant le Tribunal, ne doivent-ils pas
avoir le droit de le mettre en liberté ? si au contraire ils pensent qu'il y a lieu de le traduire, leur
opinion ne suffit pas, parce qu'ils peuvent être pré-
vénus ; le Tribunal alors doit être consulté. C'est
à ce corps impassible , étranger aux poursuites
et capable de les apprécier de sang froid, qu'il appartient de prononcer l'accusation. Il s'adjoindrait

pour cela les suppléans; et en cas de partage , l'accusation serait prononcée , parce que le partage suppose déjà des charges graves et que l'opinion du Magistrat de sûreté , quoi qu'il ne siste pas à la délibération , doit cependant être comptée pour quelque chose.

Qu'aurait-on à craindre des effets d'un pareil pouvoir confié au Tribunal? qu'il en abusât pour opprimer l'innocent ? mais se serait de sa part se déshonorer sans fruit , que d'accuser des citoyens lors qu'il n'y a pas de charges, puisque bientôt après leur innocence serait proclamée par le Tribunal criminel ; qu'il ne se laissât entraîner à des actes de complaisance ? j'avoue qu'il sera encore plus que les jurés , exposé aux sollicitations ; mais il faut convenir aussi que l'honneur et la responsabilité dans ce corps permanent seront un frein bien plus fort pour lui que pour les jurés qui se dispersant après leur décision , se soucient fort-peu de ce qu'on en pense ; au surplus rien n'empêche de donner à l'accusateur public , le droit de se pourvoir dans le mois , soit devant le Tribunal criminel , soit même devant un autre Tribunal d'arrondissement , contre la décision qui lui paraît évidemment injuste. A cet effet les pièces lui seraient transmises immédiatement après le jugement du Tribunal; mais provisoirement le prévenu serait mis en liberté.

Si mes propositions étaient adoptées, on apperçoit que la direction du jury, se trouverait encore retranchée des attributions du Magistrat qu'on veut créer sous le nom de Propréteur. Ses fonctions se réduiraient , 1.º à viser le mandat de dépôt décerné par le Magistrat de sûreté , avec faculté de prendre communication des pièces ; 2.º à rendre l'ordonnance de compétence, non plus pour traduire devant le jury d'accusation , mais pour

déclarer que le fait est un délit, et qu'il est de nature à être jugé, soit par le Tribunal correctionnel, soit par les jurés, et à décerner mandat d'arrêt dans l'un et l'autre de ces cas ; 3.º à recevoir
le prévenu à caution, lorsque la loi l'autorise; 4.º
à suppléer le Magistrat de sûreté, absent ou em-
pêché; 5.º enfin à prendre connaissance de la procédure, à entendre de nouveau les prévenus et
les témoins dans les cas rares, où le Magistrat de
sûreté serait soupçonné d'abus de pouvoirs.

L'instruction des affaires criminelles aura une
marche plus rapide et plus simple. Un Magistrat
dont l'activité est le principal caractère, est commis dans chaque arrondissement, pour y garantir
la paix et la sûreté. Il a sur tous les points des
agens subordonnés qui, dans les vingt-quatre
heures, l'avertissent des évenemens. Toujours
prêt à monter à cheval, il se porte par-tout où sa
présence est nécessaire: il recueille par lui-même,
ou par ses agens, tous les indices des crimes, et
vient les déposer au greffe du Tribunal. L'instruction s'y continue encore, sous l'inspection du Tribunal ou de l'un de ses membres. Les premiers
indices qui avaient d'abord séduit, se trouvent
détruits par des renseignemens survenus; le Magistrat de sûreté reconnaît son erreur. Il confère
avec le Magistrat qui est adjoint à ses fonctions,
et d'accord ils rendent la liberté au prévenu. Si
les indices n'ont reçu aucune altération, le Magistrat de sûreté met toutes les pièces sous les yeux
du Tribunal, et est censé lui dire; « J'ai présumé cet
homme coupable ; mais mon zèle peut m'avoir
» séduit, ou j'ai pu me prévenir sur l'importance
» de mes découvertes. Vous qui êtes de sang froid,
» vous qui êtes déprévenus, examinez et décidez,
» si cet homme doit être traduit devant le Tri-
» bunal de ses concitoyens. »

l'attention, de la bonne foi et du profond discernement avec lequel les affaires sont traitées parmi eux ; mais quand cette fonction honorable a perdu à leurs yeux le mérite de la nouveauté, chacun sent retomber peu à peu cette utile exaltation, que la dignité d'une fonction nouvelle avait mise dans son âme, et il reprend le caractère qui lui est propre ; l'un paresseux, insouciant, manifeste un dégoût invincible pour les affaires, et ne prend part à la délibération que par sa présence, sans vouloir assujettir son attention ; l'autre y prend part et se forme une opinion, mais manquant de facilité pour la développer et la faire valoir, il craint de se compromettre dans l'esprit de ses collègues et n'émet son opinion, que quand il a entendu prononcer la majorité à laquelle il s'attache prudemment ; un troisième rassuré sur la bonté réelle de son cœur, n'écoute que ses inspirations et ne cherche jamais dans la cause ses motifs de détermination ; un autre a pris par ses talens, un extrême ascendant sur ses collègues, et il ne manifeste son opinion qu'en sens contraire d'un antagoniste, qu'il est accoutumé de combattre et de vaincre, et s'occupe bien moins de faire triompher la vérité que son système ; l'un est caustique dans la discussion ; l'autre sème le ridicule avec facilité, et déconcerte la raison même. Enfin il est en général peu d'assemblées délibérantes où, au bout de quelques mois, il ne se forme deux partis, dont l'un pense régulièrement le contraire de ce que l'autre a pensé, de manière que le sort des affaires dépend quelquefois moins de la raison et de l'équité, que de ce que tel parti est ou n'est pas lors de la discussion, composé de tous ses adhérens.

C'est un besoin pour mon cœur, de déclarer que je n'ai pris les types des portraits que je viens de faire dans aucuns des Tribunaux que je

connais ; j'ai même une telle opinion de la Magis-
trature actuelle , que je crois qu'aucun Tribunal
de la France ne me les aurait fournis. J'ai puisé
mes observations dans l'humanité , en me souve-
nant que de quelque dignité qu'on environne les
juges , de quelque costume qu'on les décore , ils
sont encore des hommes. Un choix heureux dû à
la prudence du chef actuel de l'État , éclairé d'ailleurs par les événemens divers de la révolution
qui ont fait connaître les hommes , ne doit pas
rassurer sur l'avenir ; et les vertus même dont les
Magistrats actuels ont besoin pour neutraliser les
vices que je redoute, attestent que ces vices existent dans le cœur de l'homme , et peuvent dans
d'autres temps être très-dangereux.

On est à l'abri de ces craintes et de ces dangers ,
dans le système de la procédure par jurés. De
simples citoyens qui ne tiennent aucune faveur
du Gouvernement , ni du peuple , sont inopiné-
ment appellés pour statuer sur une affaire ; ils
arrivent dans une ville où ils ont peu de relations,
au milieu d'un peuple qu'ils ne connaissent pas ,
dont ils ne sont pas connus et dont ils n'ont aucun intérêt de capter la bienveillance ; étrangers
à la politique du Gouvernement qu'ils ignorent ,
ou aux factions qu'ils ne connaissent pas mieux ,
on leur demande leur opinion sur les preuves d'un
fait, ils la déclarent, sans passion, sans crainte, sans
en prévoir le résultat; ils n'ont ni puissans à mé-
nager , ni coteries à satisfaire ; ils savent qu'en
sortant du lieu de leurs séances, ils ne recevront
ni plaintes , ni louanges , ni reproches. Chacun
d'eux s'est réuni à des collègues inconnus, avec la
prévention favorable que les hommes ont les uns
pour les autres, jusqu'à ce qu'ils se soient donné
des preuves de méchanceté ; ils sont trop peu de
temps réunis , pour que les partis puissent se

former parmi eux, et personne ne songe à s'en faire un dans l'exercice d'une autorité si passagère. Cependant cette autorité nouvelle pour eux élève leur âme; elle met en mouvement tous les ressorts de leur intellecte et de leur sensibilité; ils portent dans l'examen des affaires cette exactitude, ce scrupule, qui n'appartiennent qu'à une conscience neuve, et non à celle qui est blasée par l'habitude; enfin ils cessent d'être Jurés avant d'avoir pu devenir indifférens à leurs fonctions.

CHAPITRE V.

Des Tribunaux criminels.

Suivant le projet de la commission, le Préteur forme seul le Tribunal avec le Propréteur du lieu, non seulement dans les affaires qui se décident par les Jurés, mais encore dans les matières correctionnelles, dont les appels sont portés au Tribunal. Ce n'est qu'en l'absence de ce grand Officier, et seulement pour le jugement des affaires correctionnelles que le Tribunal est composé de trois Propréteurs. Le Préteur ne peut être suppléé que par un autre Préteur, quand il s'agit de présider le Jury.

En composant le Tribunal de deux membres seulement, il a été indispensable de donner à l'un la voix prépondérante, et de ne laisser à l'autre que la voix consultative; ensorte qu'en définitive le Tribunal n'est composé que d'un Juge. Un seul homme prononcera sur les intérêts les plus chers des citoyens. Cette conception est trop éloignée des idées communes, pour ne pas éprouver quelque contradiction. Une première considération qui se présente, est que si l'homme investi d'un pareil pouvoir, est délicat; s'il a cette louable timidité, appanage d'une conscience qui ne peut se familiariser avec l'injustice, il voudra sentir en lui une double conviction, si je l'ose dire, pour prononcer un jugement rigoureux, dont il serait seul responsable. Si au contraire c'est un de ces hommes déterminés, qui ne hésitent jamais, ou qui ne considèrent les intérêts particuliers que dans leurs rapports avec la politique, on doit prévoir de fâcheux résultats d'un pouvoir aussi peu limité.

D'autre part, cet homme ne sera-t-il pas trop sous l'influence de l'opinion publique et des factions qui lui imputeront avec raison tous les jugemens? Ne sera-t-il pas trop directement en butte aux sollicitations et aux prières des partisans de l'accusé, auxquels il ne pourra résister que par sa propre énergie, ne pouvant prétexter la diversité des opinions, dans l'exercice d'une autorité non partagée? Ne sera-t-il pas sujet à mille erreurs en fait et en droit, lorsque statuant dans les matières correctionnelles sur des informations volumineuses, ou sur des questions délicates, telles qu'en présente notre législation sur plusieurs points, il n'éprouvera aucune contradiction? Du choc des opinions jaillit la vérité. Il n'est personne qui n'ait cent fois senti s'évanouir en lui la résolution la plus décidée, par la suggestion d'une simple réflexion qui lui avait échappé.

Le Propréteur, il est vrai, lui est adjoint pour l'éclairer de ses réflexions et discuter les questions avec lui. On discute avec ses égaux des questions auxquelles on s'intéresse, mais on argumente peu avec un maître, qui fait tomber les meilleurs argumens, en disant seulement *je veux*. Le rôle d'un Propréteur sera triste, inanimé, humiliant. Ou ce sera un homme faible et complaisant, alors il cherchera dans le cours du débat à pénétrer l'opinion du Préteur, pour être de son avis ; ou ce sera un homme de caractère; alors, après avoir vu deux ou trois fois son avis écarté par l'opinion souveraine du Préteur, il se fera une règle d'exprimer laconiquement sa pensée, sans faire d'efforts pour éclairer un homme, qu'il s'applaudira peut-être de voir commettre des erreurs. Dans tous les cas ; on ne doit pas s'attendre qu'un Propréteur s'évertue beaucoup à penser sur une affaire dont le résultat ne lui promet ni blâme, ni profit ; ni honneur.

Je suis loin de croire, comme je l'ai suffisamment exprimé, à l'infaillibilité des Tribunaux composés de plusieurs Juges; mais si je leur préfère les Jurés pour décider les points de fait, je les préfère à un Juge unique dans tous les cas. Si cependant on me proposait un homme doué d'une grande énergie et d'une grande modération, plein d'une forte horreur pour le crime, et de respect pour l'innocence ; ayant beaucoup de perspicacité pour bien saisir les faits et les preuves, et capable d'une attention soutenue pour en appercevoir l'enchaînement; une force physique suffisante pour supporter les fatigues d'un immense débat ; un esprit juste pour voir les choses dans leur véritable rapport entre elles ; une mémoire fidèle, de la clarté, de la méthode, et une certaine facilité d'expression pour en bien faire le rapport aux Jurés; je dirais, donnez-moi cet homme pour Juge unique ; je le préfère beaucoup à un Tribunal nombreux. Je le demanderais, dis-je, pour mon intérêt particulier, si j'étais accusé et innocent ; mais je ne songerais pas à faire une institution semblable, si j'étais législateur ; parce que je sais qu'un pareil homme est très-rare; parce que si l'on en trouve un ou deux, il est très-difficile d'en trouver cinquante qu'il faudrait dans la
République

République ; parce que si les hommes doués de
ce même mérite., sont nombreux, celui des hypo-
crites qui singent toutes ces vertus l'est davantage encore et que le Gouvernement peut s'y mé-
prendre, et parce qu'enfin, si le Chef actuel de
l'état est assez grand pour jetter, si je l'ose dire,
un trait de son génie et de son caractère dans ceux
qu'il choisit, on ne doit pas, en créant une institution, se rassurer sur ses imperfections, par le
génie de celui qui gouverne, parce que le même
homme ne gouverne pas toujours, et que son
Successeur peut ne pas lui ressembler.

Renonçons donc à l'espoir séduisant, mais
trompeur, de placer un homme parfait à la tête
de la justice criminelle dans chaque division. Il
faut à la vérité renoncer à l'espoir d'obtenir la
perfection dans aucun plan possible, mais adop-
tons au moins celui qui en approche le plus. C'est
en général et presque dans toutes les parties le
plus simple, celui qui se présente à la pensée sans
effort d'imagination. J'ose dire que le parti le plus
raisonnable qui se présente ici est de supposer
les hommes tels qu'ils sont, mais de tâcher de
neutraliser leurs vices en les faisant concourir
plusieurs à la formation du Tribunal, de manière
que les vertus ou même les vices de l'un servent
de frein par leur contraste aux vices et même aux
vertus quelquefois dangereuses de l'autre.

Ce n'est pas seulement dans les matières correctionnelles, qu'on a besoin des lumières de plusieurs; il se trouve dans les matières criminelles
même des difficultés sérieuses sur la compétence,
sur la forme, qui exigent un certain concours
de lumières pour être appréciées et résolues. Mais
ce qu'on n'a peut-être pas assez considéré, c'est que
le même projet qui donne à un seul homme le
pouvoir de juger, a beaucoup étendu ce pouvoir

C

au delà des bornes qu'il a maintenant. Les Tribunaux actuels, après la décision des jurés n'ont
très-souvent qu'à faire l'explication d'une loi
précise, c'est le cas de dire avec Montesquieu, » il ne faut pour cela que des yeux : »
le projet au contraire laisse aux juges une latitude
considérable; on s'y contente de leur indiquer la
nature de la peine applicable au crime, et on les laisse maîtres d'en déterminer la durée. Les juges
peuvent de plus renvoyer un citoyen sous la surveillance du Gouvernement, acte très important,
et toutefois purement facultatif dans presque tous
les cas. Ce n'est donc plus un pouvoir enchaîné
par des dispositions précises, que la loi donne
aux juges ; c'est un pouvoir réel; c'est le droit de
châtier plus ou moins le coupable, après une sage pondération des circonstances qui aggravent
ou atténuent son crime.

Mon dessein n'est pas de combattre cette partie du projet qui donne une juste latitude au
pouvoir du Tribunal. Il n'y a personne instruite
par l'expérience qui n'ait provoqué par ses vœux
cette sage disposition, dont l'absence dans notre
code actuel a été cause de l'impunité de beaucoup
de coupables ; les jurés connaissant la gravité des
peines dans certains cas et l'impuissance où le
Tribunal était de les modérer, ont mieux aimé
relâcher un coupable, que de l'assujettir à une
peine sans proportion avec son crime. Lorsqu'ils
ont vu un malheureux qui s'était introduit dans
une maison en cassant un carreau de vitre, pour
voler un morceau de pain, ils ont sans doute bien
fait de l'acquitter, plutôt que de le faire condamner
au même supplice que le brigand audacieux qui,
à l'aide d'un levier, brise les portes et s'empare
de sommes qui formaient toute la ressource
d'une famille.

Mais c'est détruire d'une main le bienfait qu'on établit de l'autre, que de confier cette utile latitude de pouvoir à un seul homme qui en mésusera soit par malice, soit par erreur. C'est peu cependant s'il ne se trompe que dans la fixation de la durée des peines ; mais c'est un mal extrême, s'il se méprend sur la nature de celles qu'il convient d'appliquer. Or si une autre partie du projet que je me propose de combattre était admise, le genre de la peine dépendrait souvent de l'arbitraire de ce Magistrat. Cette partie du projet est celle qui prescrit, qu'il ne soit posé qu'une seule question ? *L'accusé est-il coupable ?* on conçoit que chaque délit étant susceptible de divers dégrés de gavité qui peuvent donner lieu à l'application de peines très différentes, le choix de ces peines dépendra entièrement de la volonté du Tribunal; ainsi, qu'une accusation de vol accompagné *de tortures et d'actes de barbarie* dégénère dans le débat en vol simple ; qu'une accusation d'assassinat dégénère en homicide commis par imprudence ; le Tribunal aura à choisir entre la peine de la prison, celle de la mort et les autres peines intermédiaires.

Est-il prudent de confier à un seul homme, quel qu'il soit, un pouvoir si exhorbitant? je n'ai pas l'avantage d'être placé dans un point assez central pour bien juger l'état d'une immense population et appercevoir les maux qui exigent un remède aussi violent; mais j'ose attester que les habitans du département que j'habite n'ont pas besoin d'être consternés par l'appareil d'un pouvoir aussi épouvantable. Et moi aussi je désire que la peine tombe sur le coupable avec la rapidité de la foudre; mais je desire que cette foudre soit dirigée par un conducteur qui ne lui permette pas de divaguer et de frapper également l'auteur

C 2

d'un grand crime et celui d'une faute légère. Pourquoi soumettre la liberté, la vie des citoyens à des formes mille fois plus militaires que celles des armées ? Là un nombre d'hommes choisis se réunissent pour juger le fait et le droit. On délibère ; on recueille les voix ; on applique une loi précise et le jugement ne s'exécute qu'après avoir été revisé. Ici un Magistrat unique, réellement juge du fait, par l'influence qu'on prétend lui donner sur les jurés , est encore juge unique du droit , de la nature et de la durée de la peine. Je le répète, j'ignore si les français sont assez malheureux pour avoir besoin d'une pareille institution : mais certainement ce n'est pas celle qui convient à un peuple doux , humain et éclairé. Ce n'est pas celle qu'on attend du Héros législateur, qui a donné à la France le code civil. On a droit d'espérer que celui qui environne de tant de formes et de si solides garanties, les intérêts civils , n'abandonnera point au caprice, ni à la discrétion de la vertu même, toujours douteuse , toujours chancelante, d'un seul homme, la liberté et la vie des français. Il ne perdra pas de vue , que l'institution qui se prépare, est destinée à exister après lui, que quand il pourrait garantir la sagesse de tous ses choix , il ne peut répondre de ceux de ses successeurs et qu'enfin , dût le pouvoir arbitraire ne jamais dégénérer en abus, il est toujours un grand mal par la frayeur qu'il inspire aux honnêtes citoyens.

Suivant les dispositions du projet, le Préteur ne pourra être remplacé dans la direction du jury de jugement que par un autre Préteur désigné par le premier Consul; or il peut arriver . que la veille des grands jours, quand quarante-huit jurés sont réunis, lorsque tous les accusés comptent sur leur jugement, et que peut être six cents témoins sont déjà assignés pour toute la session , le Préteur

soit attaqué d'un mal subit. Il ne sera pas temps
alors de s'adresser au premier Consul, ni d'aller
chercher un autre Préteur qui, dans les départemens éloignés, est lui même occupé de sa session.
Cette courte réflexion démontre la nécessité d'indiquer un mode de remplacement plus prompt.

Les Propréteurs des arrondissemens sont alter-
nativement désignés par le Préteur, pour composer le Tribunal criminel jugeant correctionnel-
lement. Il en résultera que, si le nombre commun
des arrondissemens est cinq par département, les
quatre Propréteurs étrangers au chef-lieu seront
six mois de l'année absens de leur propréture. Cela posé : ou l'on pensera comme moi que l'établis-
semet d'un Propréteur dans chaque arrondissement est superflu, ou bien on pensera, malgré
mes observations précédentes, qu'on ne peut se
dispenser d'établir ces Officiers; dans le premier
cas, pourquoi, dirai-je, créerait-on un Officier
inutile? Dans le second, n'est-il pas inconvenant
d'enlever de son poste, pendant six mois de l'année, un Magistrat dont la fonction est réputée
nécessaire, et ne vaut-il pas mieux maintenir des
Juges permanens au Tribunal criminel?

Il est encore important d'observer ici que ce
mode d'alternat, qui transforme temporairement
des Juges inférieurs en Juges d'appel des jugemens
rendus par leur Tribunal les met dans le cas de
se récuser dans toutes les affaires dont ils ont con-
nu en première instance, ou dont ils ont pré-
paré l'instruction; dans les cas même où ils
sont étrangers au jugement de première instance,
leur présence au Tribunal d'appel présente la cho-
quante idée d'un *vice-Président* d'un Tribunal in-
férieur, réformant les jugemens rendus par ce
Tribunal, et prononcés par son Président. On a
apperçu dès les commencemens les inconveniens

C 3

de cet alternat qu'on avait d'abord établi dans la
crainte que des Juges permanens ne s'endurcis-
sent dans les fonctions criminelles. Il est étonnant
que, malgré ces inconveniens sentis, on propose
de faire revivre le même établissement , dans un
temps où l'on n'accuse les Tribunaux criminels que
de trop d'indulgence.

Ce déplacement perpétuel des Juges a sans
doute encore pour but de rompre tous les liens qui
pourraient les attacher à des sociétés dont on ré-
doute l'influence. Du moins c'est ce motif qui a
déterminé la disposition qui exclut un Préteur de
toutes fonctions dans le département où il est né,
ou dans celui où il a son domicile. Ainssi l'on veut
sévrer les Juges criminels de toutes les douceurs
de la société et qu'en se destinant à juger les hommes, ils ne conservent plus rien de commun avec
eux. La précaution est inutile. On n'étouffera
point dans les Juges le penchant irrésistible qui
heureusement excite l'homme à chercher la société de ses semblables. Plus on les fera voyager,
plus on multipliera leurs relations ; et tel aurait
borné le cercle de ses amis dans la cité où il est
né qui, en voyageant, s'en est fait dans tous ses
séjours passagers.

Pourquoi d'ailleurs cette rigueur envers les Juges criminels, lorsqu'on ne l'exerce pas envers les
Juges civils ? Ne sait-on pas que les sollicitations
sont bien plus à la mode dans les matières civiles que dans les criminelles ? Personne ne rougit
de recommander son ami, son parent dans un
procès-civil. Mais on méconnait bientôt ses rapports avec celui qui a commis un crime, à moins
que ce crime ne soit du petit nombre de ceux dont
l'honneur mal entendu se fait un triomphe; aussi
je ne pense pas qu'aucun Juge criminel puisse se
vanter d'avoir eu besoin de beaucoup de vertu
pour faire son devoir.

On ne peut s'empêcher de reconnaître encore dans ces dispositions une imitation des pratiques anglaises. Le citoyen Oudart, à l'appui de cette partie de son projet, cite Blackstone qui dit : « Pour mieux écarter tout soupçon de partialité, *il a été sagement établi* qu'aucun Juge d'assise n'exercera ses fonctions, soit dans le comté où il est né, soit dans le comté où il a son domicile. » Et la commission ajoutant encore à la rigueur de ce principe prescrit que le Préteur ne pourra exercer ses fonctions plus d'une année dans la même division.

Sans doute on peut considérer l'opinion de Blackstone comme étant de quelque poids ; mais il vaut mieux encore se déterminer par des raisons tirées de la nature des choses, sur tout dans la question dont il s'agit, où il se contredit lui-même. Dans le même ouvrage où il fait l'éloge de la règle qu'il dit *sagement établie*, on trouve cet autre passage : « Autrefois en vertu du statut » de Richard II., chap. 2 et 33, de Henry VIII., » chap. 4, aucun Juge ou homme de loi ne pouvait exercer cette commission dans le district » de sa naissance ou de son habitation, tout comme » il leur était défendu d'y exercer la judicature » dans les assises et dans les causes civiles ; mais » cette partialité locale que nos ancêtres voulaient » éviter *ayant été reconnue pour avoir moins d'influence dans le criminel que dans le civil*, le statut 22 de Georges II., chap. 27, a donné à tout » bon sujet indifféremment la capacité de siéger » dans cette Cour et dans quelque Comté que ce » soit. »

Ce second passage de Blackstone n'avait point échappé à la commission. Mais elle a cru qu'en commençant nous devions nous soumettre à la règle consacrée d'abord par les Anglais, sauf dans la suite à y renoncer comme eux. Sans insister sur l'inutilité d'un essai que les Anglais ont pris la peine de faire pour nous , je placerai ici quelques observations de fait sur la translation annuelle des Préteurs d'une division dans une autre.

Il ne faut pas que les Législateurs qui ont sous les yeux le Tribunal criminel de la Seine ; regardent les débats qui y ont lieu comme le type de ceux qui se font dans les départemens. Les témoins qui partout sont pour la plupart de la classe indigente et grossière , ne laissent pas à Paris de s'exprimer avec pureté, précision et élégance. Ils font d'eux-mêmes une déposition en général satisfaisante ; il y a communément peu de questions à leur faire. Dans les départemens au contraire les témoins de la campagne s'expriment dans un langage inconnu aux hommes qui ne sont pas nés parmi eux, ou qui n'ont pas l'habitude de les entendre. Leur déposition s'enveloppe des adages et des lieux communs du pays qu'il faut connaître, et l'on n'entend souvent leur pensée qu'à force de questions qu'on leur fait et d'explications qu'on exige. Il faut pour cela savoir l'idiôme du témoin ; sinon le parler , au moins l'entendre. Or on ne le sait que quand on est né dans le pays ou qu'on y a résidé quelque temps. Mais comment l'homme qui n'a vécu qu'à Paris pourra-t-il soutenir des dialogues nécessaires avec les bas-Bretons, les Picards , les Auvergnacs, les Savoyards ? Ou comment celui qui sera né parmi un de ces peuples s'accoutumera-t-il au langage des autres lorsqu'il y sera subitement transporté ? Cela est impossible. Non seulement il y a en France divers patois , mais il y a des langues différentes. On parle italien dans des contrées, allemand dans d'autres, etc., et cette variété de langues et de patois élève un obstacle invincible à l'ambulance projettée des Préteurs.

CHAPITRE VI.

Procédure devant les Tribunaux criminels.

On ne peut s'empêcher d'observer en commençant l'examen de ce chapitre que la parcimonie qui
détermine à priver les accusés d'une copie de la
procédure, ne parait pas digne de la Nation fran-
çaise. J'estime à deux mille francs les frais de copie au Tribunal que je préside. Le nombre des affaires, à raison de la population du département,
doit être à peu près double du nombre moyen de
celles portées aux autres Tribunaux, ensorte que
les frais de copies ne peuvent pas excéder 100000
f. pour toute la République. On pourrait les réduire à la moitié, en statuant que l'on donnerait
seulement copie des informations et procès-verbaux, non des interrogatoires qui sont connus de
l'accusé, ni des pièces qui n'ont de rapport qu'à la
forme, et en ordonnant encore qu'une seule copie
serait donnée à tous les accusés, sauf les cas où
le Tribunal en jugerait autrement. Cette dépense
serait ainsi réduite à cinquante ou soixante mille
francs; somme trop bornée sans doute pour qu'on
se détermine à enlever aux accusés un avantage
important à leurs défenses et pour autoriser leurs
conseils à aller obstruer les greffes pour prendre
copie des pièces. Les accusés d'ailleurs n'ont pas
toujours des défenseurs; la loi ordonne qu'on leur
en nomme, mais elle ne donne pas le moyen de
contraindre personne à remplir ce ministère; enfin les accusés peuvent choisir leurs conseils parmi leurs amis, leurs complices même, qui ne se
feront pas un scrupule de soustraire les pièces es-
sentielles, en abusant de la faculté d'en prendre
copie.

Les sessions auront lieu de trois mois en trois.
Ainsi on abandonne ce moyen salutaire d'effroi
qu'inspire aux méchans l'idée du jugement et de
la peine suivans immédiatement le crime. Sans
doute c'est une nécessité si l'on commet un seul
Préteur pour une division composée de trois ou
quatre départemens. Il faut donc balancer les avantages attachés à la création de ce grand Officier
ambulant avec les inconvéniens qu'elle entraîne.

Parmi les inconvéniens il faut placer 1.º celui
dont il vient d'être parlé; inconvénient très-grave,
puisque le coupable verra toujours entre le crime
et le supplice une intervale de plusieurs mois qui
lui offre des chances de toutes espèces et dont l'i-
dée est bien propre à l'enhardir. 2.º La détention
prolongée de l'innocent. 3.º L'accumulation d'un
grand nombre de détenus dans des prisons géné-
ralement mal-saines et les maladies qui en résul-
tent. 4.º L'augmentation des frais de geolage et la
nécessité de construire de nouvelles prisons dans
beaucoup de lieux où il n'y en a pas d'assez considérables. 5.º La nécessité de maintenir la formalité dispendieuse du Jury d'accusation que plus de
célérité rendrait inutile, 6.º La lassitude du Préteur et des Jurés, lassitude qui doit produire un
grand relâchement dans les facultés des uns et des
autres vers la fin d'une longue session.

On peut en effet évaluer à cinq jours par mois
les séances des Tribunaux criminels dans les départemens d'une population moyenne. Si on réunit les affaires de trois mois, on aura donc une
session de quinze jours, sans parler des affaires
extraordinaires qui peuvent la prolonger bien au
delà. Une pareille session sera sans doute très-fa-
tigante pour les Jurés en général peu accoutumés
à une pareille tension d'esprit; mais elle le sera
sur-tout pour le Préteur qui environné d'un air

épais et échauffé par les haleines d'une foule de
curieux, sera obligé de parler toujours pour obtenir des explications indispensables des témoins
grossiers qui la plupart ne déposent qu'à mesure
qu'ils sont interrogés. On ne peut pas douter que
sa santé ne succombe enfin si elle n'est très robuste. Cependant au lieu de se reposer à la fin
de cette session, il n'aura que le temps de courir
dans un autre département pour y prendre d'a-
vance connaissance des affaires qui y sont accu-
mulées et recommencer le même travail.

Certes il n'y aura pas lieu de faire à ce Magistrat le reproche que le citoyen Oudart fait aux
Présidens actuels qui, selon lui, ont *leurs aises*.
Loin de son pays et de sa famille, étranger dans
les lieux qu'il parcourt, n'ayant d'asyle que les auberges, sevré de toutes les jouissances de la nature et de l'amitié, courant la poste un quart du
temps; et pendant tout le reste occupé à repous-
ser les mouvemens de sensibilité dont son cœur
ne peut s'affranchir à la vue de malheureux même coupables; toujours environné du crime et du
noir tableau de ses horreurs; toujours aux prises
avec des êtres qui se défendent contre la mort ou
le déshonneur, dont il est le ministre terrible; tel
sera le sort peu digne d'envie de celui qui aura le
courage de se livrer à ce rigoureux et sanglant
exercice.

Il est vrai que le Gouvernement pourra attacher à cette fonction pénible un salaire et des honneurs capables d'en déguiser les désagrémens aux
yeux de l'ambition; mais il est à craindre que ce
salaire et ces honneurs ne soient l'objet principal
de ceux qui la solliciteront, et que l'homme d'un
vrai mérite, d'autant plus effrayé des aspérités de
la place qu'il sera plus digne de la remplir, ne
se soustraie à une pareille fonction par répugnance ou par modestie.

Quels sont au reste les avantages attachés à l'établissement d'un grand Juge criminel ambulant. Nous les trouvons dans les observations préliminaires du citoyen Oudart, enveloppés dans des citations d'Airant, de Blackstone et de Liancour. Le premier de ces avantages est d'imprimer un grand respect au peuple. Le second est que ce Magistrat soit à l'abri de l'influence des coteries de chaque endroit et des passions locales. Le troisième est d'établir par-tout l'uniformité des principes. Le quatrième est que ces officiers ayent une telle influence sur les jurés, que la décision de ceux-ci soit toujours conforme à l'opinion de celui qui les dirige.

C'est peut-être ici le cas d'observer que les hommes sont trop souvent séduits par des idées étrangères à l'objet qu'ils doivent se proposer. Il s'agit d'établir la meilleure forme de rendre la justice criminelle, et voilà que, se laissant entraîner à des vues purement politiques, on se propose de donner une grande considération au Gouvernement en créant des Magistrats destinés à être aux yeux du peuple un témoignage de sa puissance et de sa gloire, par l'éclat donné à leur mission. Sans doute il est utile que le Gouvernement inspire un grand respect au peuple par la dignité dont il doit environner quelques-uns de ses agens. Mais n'en a-t-il pas d'autres que les juges, plus naturellement destinés à imprimer ce genre de respect, qui se reporte de ses agens sur lui ? Les Sénateurs dans leurs Sénatoreries ; les Préfets, les Généraux, ne suffisent-ils pas pour remplir cet objet ? ne peut-on pas environner de plus d'éclat le Tribunal d'appel ? ne peut-on pas détacher de temps en temps du Tribunal de cassation des *missi dominici* chargés de visiter les Tribunaux d'appels et les Tribunaux

criminels ; d'y siéger même et d'y présider dans
des cas extraordinaires, avec tout l'appareil convenable à leur dignité, et de rendre compte au
Gouvernement de leur conduite ?

Je le répète : l'objet qu'on doit se proposer est
que, la justice criminelle soit bien rendue, et
que l'idée du Tribunal inspire de l'effroi aux
méchans. Or pour atteindre ce but, qu'importe
que le Préteur arrive environné de pompe, que
le Maire de la ville aille le complimenter, et que
son arrivée dans un endroit, soit l'occasion de la
réunion de quelques oisifs? Ne sait-on pas que
ces impressions ne tombent que sur les âmes des
habitans des la ville; qu'elles ne pénétrent point
dans les campagnes, ni dans la retraite des brigands ? Ne sait-on pas que si le premier regard
se fixe sur la pompe qui environne un homme,
le second pénètre jusqu'à lui et y reste attaché ?

Ce grand pouvoir et ce grand appareil seraient
au plus nécessaires, si nous avions encore à craindre ces tyrans subalternes qui opprimaient les
peuples sous le régime féodal. En ce cas le pouvoir qu'on veut organiser ne serait pas encore
assez fort ; ce serait l'occasion d'envoyer, *nos
Scipion, nos Brutus*, comme faisaient les Romains
dans les cas importans. Mais aujourd'hui, il n'y a
plus de grands en France, capables d'en imposer
à un Tribunal fort de l'autorité des lois. Ceux qui
ne le sont que par leurs vertus et leurs talens ne
sont pas à craindre ; ceux qui ne le sont que par
leurs richesses n'en imposent qu'aux misérables,
qui en attendent leur subsistance ; ceux qui ne
le sont que par leur argent et la chimère de leur
naissance, sont ridicules. Je ne parle toutefois
que des particuliers ; il est en France des hommes
que leurs éminentes fonctions environnent d'une
haute considération; mais comme on ne peut pas

entreprendre d'élever les Préteurs eux mêmes au-dessus de ces grands fonctionnaires; il n'y a qu'un Tribunal national assez imposant pour eux.

Sans doute il faut que les Tribunaux, qui prononcent sur l'honneur et la vie des simples citoyens, soient aussi revêtus d'une certaine dignité; mais il est essentiel qu'elle ne soit déployée qu'avec de justes proportions. Elle ne doit point avoir un éclat trop imposant dans des hommes qui sont le plus souvent en contact avec la classe la plus grossière et la plus indigente du peuple. Que celui qui dirige les jurés leur inspire une juste confiance, on doit s'en applaudir; mais qu'il leur en impose à tel point qu'ils n'osent plus douter de ce qu'il professe et qu'après lui, ils s'abstiennent de penser, ce sera un mal extrême et la ruine de l'institution. Les jurés dans ce cas ne seraient plus qu'un simulacre que l'on devrait franchement anéantir. Mais que-sera ce, si non content de subjuguer les juges du fait, il étonne et stupéfait des témoins simples et timides? ce sera alors qu'il n'y aura plus de justice. Il faut que le témoin, sans manquer de respect au Tribunal, puisse se mettre à son aise devant lui. La moindre contrainte, le moindre étonnement obstrue ses facultés intellectuelles, et sur-tout sa mémoire. Malgré le peu de dignité que l'on suppose aux Tribunaux actuels, j'ai vu plus de vingt fois des témoins se mettre à genoux, en entrant dans la salle des séances, ou faire d'autres actes qui annonçaient le trouble accidentel de leur esprit; ce n'est pas une petite peine que de les rassurer, et de les rapeller à leur sang froid.

Il est cependant très-important de les y rappeller. Si le témoin est troublé, il ne parlera pas volontiers et il ne répondra que par monosyllabes à vos questions; il tronquera les faits; il suppri-

mera les circonstances pour abréger et sortir
d'embarras. Vous n'aurez que le squelette de sa
déposition; mais s'il est calme et à son aise, vous
l'entendrez rapporter le fait et toutes les circonstances; il entrera machinalement dans le détail
du temps, du lieu, de l'occasion, etc., sa voix, son
regard, son geste représenteront, sans qu'il y
songe, l'accent, le regard, le geste de celui dont
il parle, choses qu'il est souvent si essentiel de
connaître. Le désordre même de sa narration en-
tremêlée de hors-d'œuvres en apparence indifférens, y met le sceau de la vérité; parce que l'on
sait que le mensonge n'a point cet abandon, et
ce langage diffus; qu'il est au contraire apprêté,
méthodique et d'une telle sécheresse, qu'il ne laisse
aucune impression dans l'âme.

Si c'est un avantage que le Magistrat n'ait aucuns rapports d'intérêt, de parenté ou d'amitié
dans le département où il rend la justice, afin
qu'il ne soit dominé ni par la crainte de déplaire
aux partis ni par le desir d'obtenir leurs suffrages,
cet avantage, on peut se le procurer dans l'ordre
des choses actuel, le Gouvernement pouvant s'imposer de ne déléguer jamais les Juges d'appel pour
présider le Tribunal de leur département, et de
les changer assez souvent pour qu'ils ne puissent
contracter en aucun lieu de fortes habitudes. Mais
il examinera sans doute s'il est prudent dans la
pratique de compter sur une vertu assez robuste
dans les hommes qu'il emploie, pour qu'ils n'aient
pas besoin d'être quelquefois soutenus par le regard et par l'estime des personnes estimées; si
un Magistrat indifférent à la haine ou à l'amour
de ses justiciables, jaloux seulement de plaire au
Gouvernement qu'il peut tromper par ses rapports, fera plus de bien que celui qui a le desir
et le besoin de plaire à ces mêmes justiciables, ce

qu'il ne peut obtenir que par une conduite ver-
tueuse.

Le citoyen Oudart ne semble pas avoir assez
rendu justice aux Présidens des Tribunaux criminels. S'il avait réfléchi au haut dégré de considération que lui donnent sa place, ses talens
et la confiance du Goûvernement, il aurait senti
que l'usage du droit de censure envers ces fonctionnaires devait être d'autant plus mesuré de sa
part, qu'il peut faire des playes plus profondes
et qu'ils sont plus jaloux de mériter son estime.
Il est trop rigoureux de les accuser en masse d'ê-
tre les vils jouets des coteries de la ville qu'ils ha-
bitent, ainsi que des factions départementales
et de sacrifier leurs devoirs au desir de leur plaire.
Que cela arrive à des hommes sans morale qui
n'étendent pas leur vue au delà du moment, on
le conçoit. Mais me serait-il méséant de dire que
le Gouvernement a pu choisir ces fonctionnaires
dont le nombre est très-borné, parmi les hommes
qui ont fait preuve de quelque intelligence et d'un
peu de caractère ? Or les hommes de ce genre,
leur morale à part, savent qu'une lâche condes-
cendance a pour salaire le mépris du public et
même celui des hommes qui en profitent. Ils savent que, s'il est un moyen de se concilier la cons-
tante affection du peuple, c'est de tenir à des principes dont l'inflexibilité excite quelquefois des mur-
mures passagers, mais dont l'uniforme application finit par fixer l'opinion et commande le respect.

Si quelque chose peut consoler les Présidens
de l'opinion du citoyen Oudart, c'est qu'elle n'est
pas partagée par le Gouvernement, puisqu'il n'a
pas usé du droit de les changer tous les ans. Le
grand Juge auquel aboutissent tous les rapports
sur l'ordre judiciaire a fait solemnellement l'éloge

des

des Tribunaux criminels ; c'est avoir fait l'éloge
des Présidens qui y remplissent le premier rôle.
Sans doute le chef de la justice n'a pas pensé
que quelques mauvaises décisions des Jurés doivent être imputées à ceux qui les président , parce que jusqu'à ce jour on n'a pas cru que les Présidens dussent prendre sur les Jurés une influence que la loi actuelle ne suppose pas. Il a sûre-
ment pensé aussi que si l'estime du Gouvernement
est l'unique salaire qui les flatte, il serait injuste
de les flétrir en masse par une censure généra-
lisée, quand même il y aurait lieu à quelques
exceptions.

Le motif d'établir une unité de principes entre
les Tribunaux criminels , ne présente réellement
aucune idée précise. La loi doit être la règle commune de tous. On ne songe pas sans doute à établir en matière criminelle un corps de jurispru-
dence composé d'arrêts et de réglemens. La saga-
cité des Préteurs aura à s'exercer , non dans l'in-
terprétation des lois , mais dans l'appréciation des
faits particuliers qui ne peuvent jamais donner lieu
à des conséquences d'un intérêt général , ni fournir matière aux conférences qu'on prétend établir
entre eux dans leurs réunions annuelles ; réunions d'ailleurs dont on ne conçoit pas la possibilité , vu le défaut absolu de vacances. Leurs
rapports au Gouvernement devront encore être
extrêmement arides et succints. On n'apperçoit
dans leur mission aucun objet général dont ils
puissent l'entretenir.

Enfin le but de donner une grande influence
aux Préteurs sur les Jurés a ses inconvéniens que
j'ai déjà fait entrevoir. Les Juges du fait doivent
être pour le moins aussi indépendans que ceux
du droit. Si l'on veut que , par son influence , le
Préteur fasse le jugement du fait , il serait plus

D

franc , plus loyal et plus économique de supprimer entiérement les Jurés. Ce sont les lois , dit
Beccaria, et non le Magistrat qui doivent en imposer. « Qu'elles soient enfin l'objet du respect
» et de la terreur ; qu'on tremble devant elles ;
» mais qu'elles seules fassent trembler. La crainte
» des lois est salutaire; la crainte des hommes est
» une source funeste et féconde en crimes.

Je placerai ici quelques observations sur une
solution générale qui se présente à la plupart de
mes objections contre quelques parties du projet.
Presque toutes les innovations que j'ai combat-
tues et d'autres encore qui me restent à combattre , sont extraites du code criminel anglais. Dans
ce pays les accusés ne sont jugés que de six mois
en six mois. Un grand Juge est commis par le Roi
pour présider le Jury et appliquer seul la loi. Il
ne pose qu'une seule question aux Jurés dont il
dicte en quelque sorte la décision par l'influence
qu'il a sur eux. Or les Anglais , dit-on, sont con-
tens de leur institution ; la bonté en est donc garantie par l'expérience.

S'il est vrai que la Nation anglaise soit satisfaite
de sa législation criminelle , il en résulte qu'on
aurait tort de songer à lui en donner une autre ;
parce qu'une législation vicieuse, mais consacrée
par le respect du peuple, est préférable à une plus
parfaite en théorie , non encore éprouvée. Mais
ce n'est pas une raison pour qu'un Gouvernement
qui veut en donner une nouvelle à son peuple ,
n'en donne pas une meilleure que celle de ses voisins ; quand il la conçoit ; parce qu'il n'est pas
sûr qu'une prévention favorable déguise chez son
peuple les vices de la loi comme chez celui qu'il
veut imiter , ni même que ce que la loi empruntée a de bon en elle-même s'adapte également au
caractère du peuple qui doit la recevoir.

Mais est-il bien certain que le peuple anglais
soit de bonne foi admirateur de ses lois criminelles? Pour partager son enthousiasme, s'il est
réel, il faudrait en avoir une autre idée que celle
qu'en donne Blackstone. Je sais que les Anglais
ont l'orgueil de vanter leur jury devant les étrangers;
mais ils vantent également toutes leurs autres ins-
titutions, leur génie, les productions de leur pays,
leur supériorité dans tous les arts, et ils n'ont pas
toujours raison. C'est moins l'éloge des leurs que
le mépris de celles des autres peuples qu'ils expriment quand ils vantent leurs lois criminelles.
Et en cela ils n'étaient pas injustes quand ils compa-
raient leurs lois en faveur de la liberté, à celles
des pays où les lettres de cachet remplissaient autrefois les prisons, et où l'incarcération d'un citoyen durait la moitié de sa vie par les lenteurs de
la justice.

Quelle que soit au surplus l'opinion du peuple
anglais sur ses lois, ce serait principalement par
leurs effets qu'il faudrait les juger. Croit-on qu'elles
eussent été plus efficaces que nos les lois fran-
çaises, tout imparfaites qu'elles sont, pour préserver leur pays des crimes de tout genre, si une révolution semblable à la nôtre était venue y mettre toutes les passions en mouvement? existe-t-il
à présent plus de sûreté chez les Anglais que parmi nous, pour les personnes et les propriétés?
On sait que le *corronner* n'est pas toujours oisif,
et la précaution qu'on a de faire la bourse du
voleur pour voyager atteste que les routes ne sont
pas sûres. Croit-on que beaucoup de coupables
n'échappent pas là comme ici, soit par l'insuffisance des preuves, soit par le crime des faux témoins plus fréquens encore en Angleterre que
parmi nous, soit à la faveur de formalités minutieuses? Voici comme mathieu Hale s'exprime
sur l'abus de ces formalités.   D 2

La ponctualité avec laquelle on est tenu de les observer est « devenue, dit-il , une flétrissure et un
» grand inconvénient dans l'administration de la
» justice ; car en prêtant une oreille trop facile
» aux légères inexactitudes que les criminels al-
» lèguent dans leur accusation , on en sauve
» plus que par la preuve de leur innocence, *et*
» *il arrive souvent que des vols , des meurtres et*
» *autres délits restent impunis par le moyen de ces*
» *défenses minutieuses* , au déshonneur de la loi ,
» à la honte du Gouvernement, à l'encourage-
» ment du crime et à l'offense de Dieu.

Il faut que l'abus dont se plaint cet écrivain
soit bien grand , car Blackstone qui rapporte ce
passage dit : « On croirait que celui qui parle ainsi
» était d'un caractère dur et austère ; aucun Juge
» n'était plus humain et compatissant. » Cessons
donc de porter envie à la législation anglaise en
matière criminelle : il n'y a point de Français dé-
prévenu , qui ayant lu Blackstone, ne lui préfère
la nôtre, toute imparfaite qu'elle est. Ne cherchons
point à imiter un peuple qui n'est pas fait pour
nous servir de modèle ; ou si nous l'imitons que
ce soit dans son constant attachement à ses lois ,
à ses habitudes , à ses mœurs. Les lois ne sont
qu'un faible reseau par elles-mêmes ; elles ne
deviennent vraiment lois que par le respect des
peuples. Il serait étonnant que notre institution
eût acquis quelque force, lorsque dès son berceau,
dans l'âge de la faiblesse et de l'inexpérience, elle
a eu à combattre les crimes d'une révolution inouie ;
lorsque d'autre part elle a été assaillie par les déclamations absurdes de l'ignorance, de l'esprit de parti
et de la mauvaise foi. Corrigeons ce qu'elle a de
vicieux puisque nous en sommes là ; mais quand
nous l'aurons fait , sachons respecter notre ouvrage et ayons la constance d'en attendre les fruits,

CHAPITRE VII.

De l'examen.

La commission a cru devoir maintenir la disposition du code actuel qui défend à l'accusateur public de faire entendre dans le débat aucuns témoins dont les noms n'ayent été signifiés vingt-quatre heures d'avance à l'accusé; et elle a même étendu cette défense aux témoins produits par celui-ci, dont les noms doivent réciproquement être signifiés à l'accusateur public, vingt-quatre heures avant le débat. Il paraît rigoureux de borner ainsi l'accusé dans ses moyens de justification; le débat peut faire naître l'idée et le besoin d'appeller un témoin essentiel qui habite dans le lieu des séances, ou que le hazard y a conduit. Il peut s'élever des difficultés du ressort des médecins, des chimistes et autres gens d'art, difficultés qui ont besoin de la présence de quelques uns de ces hommes pour être résolues; et l'accusé n'aurait pas le droit de les faire appeller! il périrait victime d'une fin de non recevoir! le Préteur peut faire comparaître à l'instant tous témoins nouveaux qu'il lui plaît d'entendre; pourquoi l'accusé n'aurait-il pas le même droit pour sa defense, quand cela peut se faire sans suspendre ni retarder le débat? Dès que l'on reconnaît que le Préteur peut avoir de bonnes raisons, pour faire appeller subitement un témoin non indiqué d'avance, on doit reconnaître la possibilité des mêmes motifs, et de motifs plus sacrés encore dans l'accusé. Il est vrai que, dans ce cas là même, il pourrait obtenir du Préteur l'appel des témoins, mais pourquoi laisser à ce Magistrat le droit de refuser impunément à l'accusé un moyen de défense et de justification.

D 3

Il est difficile de conce voir l'utilité de cette signification réciproque de la liste vingt-quatre
heures à l'avance. On ne peut en appercevoir
d'autre que celle de mettre l'accusateur public
et l'accusé dans le cas de prendre des informations sur la moralité du témoin, sur ses relations
avec l'accusé, la partie civile, etc. et d'appeller
d'autres témoins, ou de produire des pièces propres à combattre sa déposition, quand on le présume passionné. Mais pour cela le délai de vingt-
quatre heures est bien insuffisant. L'accusé pourrait impunément porter le nom de son père, de
son oncle, sur une liste signifiée la veille du débat, et soutenir qu'ils ne sont pas ses parens;
l'accusateur public n'aurait pas le temps de se
procurer les moyens de le confondre, si le domicile de ces personnes est éloigné de quinze ou
vingt lieues. La partie civile ne peut-elle pas de
même faire employer par adresse, sur la liste de
celui-ci, des personnes intéressées comme elle
à la perte de l'accusé? On ne peut contester cela ;
il en résulte qu'il faut supprimer cette formalité,
ou la rendre vraiment utile, en ordonnant qu'elle
soit remplie au moins huit jours d'avance. Mais
je ne pense pas qu'on doive en faire à l'accusé
une obligation absolue ; seulement on pourrait établir que le Gouvernement ne payerait que
les témoins dont le nom aurait été signifié dans
le délai prescrit et que les autres seraient à la
charge de l'accusé. Au surplus on est communément trop en garde contre les témoins administ-
trés par lui pour qu'il résulte un grand inconvénient de l'autoriser à en faire comparaître quelques-uns non précédemment indiqués.

Une autre disposition du code actuel conservée
par le projet est celle qui défend de lire aucune
déposition de témoins non présens au débat. Il

n'y a sans doute personne qui ne reconnoisse tout l'avantage d'une déposition orale sur une déposition écrite ; mais il n'est point de régles générales auxquelles la nécessité ne commande quelquefois des exceptions. On a reconnu qu'il fallait en faire une à celle-ci pour les membres du Gouvernement , pour les Sénateurs , etc. , on a autorisé la lecture des dépositions de témoins décédés pendant la contumace. Je pense qu'il est nécessaire d'étendre l'exception à tous les cas où un témoin par son grand âge , par une maladie qui ne permet pas l'espoir de son rétablissement, quelquefois par les blessures qu'il a reçues de l'accusé , par un voyage hors de la France , est dans l'impossibilité de comparaître ; cette exception doit avoir lieu à plus forte raison dans les cas de mort du témoin depuis sa déposition. Le défaut de cette exception que je réclame est encore une des causes qui ont contribué à discréditer l'institution. Il y a peu d'affaires un peu considérables où quelque témoin essentiel ne soit ou décédé ou retenu par une des autres causes dont il vient d'être parlé , et ces cas deviendront de plus en plus fréquens , si on diffère trois ou quatre mois le jugement de l'accusé. Il n'est pas sans exemple , que des témoins ayent été assassinés en allant déposer ; c'est un crime auquel les partisans et les complices de l'accusé se porteraient moins volontiers , si on savait que la déposition écrite de ces témoins pouvant être lue , on commettrait un crime inutile en leur ôtant la vie.

Je conçois néanmoins , combien il est essentiel de ne pas permettre de relâchement dans les principes sur ce point capital de l'institution. Il doit en conséquence être ordonné , que la déclaration d'un témoin malade ne serait jamais lue qu'après qu'il aurait été constaté par gens de l'art, qu'il n'y a aucun espoir d'une guérison prochaine ; on ne pourrait la lire sans lire en même temps le recolement qui en aurait été fait par un juge commis à cette fin ; et dans ce cas même, comme dans tout autre cas où ce recolement serait impossible, le Président serait tenu sur son honneur d'avertir les Jurés que cette lecture est hors les principes de l'institution et qu'ils ne doivent y avoir que tel égard que de raison.

L'article 856 conserve au Préteur le droit donné au Président du Tribunal par le code actuel, contre les témoins dont la déposition est reconnue fausse dans le débat. Par le code actuel, le président ne doit faire arrêter le témoin que quand sa déposition parait *évidemment* fausse, et les auteurs du projet ont cru devoir supprimer le mot *évidemment*. Je pense qu'il avait été prudemment employé. Il ne faut pas que le Président se livre trop légèrement à la prévention qu'inspire quelquefois un témoin. La déposition d'un seul homme, contrarié par quatre autres, n'est pas toujours assez évidemment fausse pour autoriser à l'arrêter. Il peut avoir dit le vrai et les autres le faux. Il est bien important que les témoins ne soient pas intimidés au point de n'oser dire une vérité invraisemblable.

Mon expérience m'a fait sur ce point adopter une idée que je soumettrai au Gouvernement, quoique je ne doute pas qu'elle ne paraisse bizarre et hazardée. Je voudrais qu'on jugeât le faux témoin à l'instant même, ou plutôt immédiatement à la suite du débat principal où il a figuré. Qu'il fût jugé par les même Jurés, et en présence des témoins qui ont sisté à ce débat ; je voudrais au moins qu'on accordât cette faculté aux Tribunaux criminels, sauf à n'en pas user quand il y a quelque motif de craindre que cette précipitation ne compromit l'innocence.

Je sens que ma proposition contrarie le principe, que nul ne peut être mis en jugement avant d'avoir été accusé; mais pourquoi ne déléguerait-on pas dans ce cas extraordinaire l'accusation aux membres du Tribunal? Tous ceux qui ont rempli des fonctions dans les Tribunaux criminels savent combien les faux témoignages se multiplient par l'impunité et que cette impunité est encore une des causes principales de celle de beaucoup de coupables. Or on n'atteindra jamais les faux témoins, si on ne prend le parti que je propose ou quelqu'autre équivalent, parce que le mode de la déposition qui ne laisse aucune trace est une garantie pour ce crime. J'ai fait arrêter plusieurs faux témoins; mes prédécesseurs en ont fait arrêter; jamais aucun n'a été condamné. La raison en est que la preuve du faux en ce cas là réside dans les contradictions du témoin, contradictions constituées par des expressions fugitives, difficiles à recueillir. Elle consiste dans sa contenance embarrassée; dans l'altération de ses traits et de sa voix; dans l'énergie avec laquelle un autre témoin ou l'accusé le combattent; dans l'accablement du coupable, et dans la sérénité de ceux qui le contredisent. Toutes ces circonstances qui frappent profondément les Jurés présens, ne peuvent être transmises à d'autres Jurés absens à l'aide d'un froid procès-verbal.

Ces Jurés témoins du délit et de tout ce qui en constitue les preuves sont les plus aptes, les seuls aptes à rendre une décision éclairée. Il serait à désirer que tous les crimes pussent être jugés de même. Cela est impossible, mais au moins il semble qu'on doit volontiers saisir l'occasion de le faire quand il y a lieu. Si le témoin prévenu de faux alléguait avec quelque probabilité, qu'il existât des pièces ou des témoins propres à le

justifier, on procéderait alors comme il est prescrit
par les articles 856 et 857.

CHAPITRE VIII.

La déclaration du Jury, doit-elle se former à l'unanimité?

Comme c'est ici un point fondamental de l'institution, j'examinerai cet article avec quelque
étendue. Les motifs dévelopés sur cette question
par le citoyen Oudard, le sont avec une force
qui appartient à la profonde persuasion. Mais ils
perdent ce qu'ils ont de séduisant, en subissant
l'analyse. Ils se réduisent à six principaux. Les
voici dépouillés de leurs ornemens. 1.° Sous la
loi de l'unanimité, la discussion est poussée aussi
loin qu'elle peut l'être par les Jurés intéressés à
découvrir et à mettre au jour les motifs propres
à déterminer l'unanimité, au lieu que quand la
minorité absout, trois ou quatre Jurés décidés à
acquitter peuvent impunément laisser les autres
s'épuiser en raisonnemens qu'ils n'écoutent pas.

2.° L'unanimité est l'écueil de la vénalité, parce
qu'il faudrait corrompre non seulement un Juré,
mais douze, ou au moins une majorité suffisante
pour entraîner les autres.

3.° La simple majorité n'est qu'une justice extérieure et présumée; elle peut laisser des doutes.
Quand la majorité forme le jugement, si quatre
ou cinq Jurés proclament l'innocence de l'accusé,
la majorité qui le condamne n'offre pas une garantie suffisante à la justice. Quand une petite
minorité absout contre le vœu d'une majorité imposante, les intérêts de la société ne sont pas à
couvert, et l'on sait que dans ce cas le jugement
se forme quelquefois par la retraite d'un homme

méticuleux d'abord disposé à condamner, mais
qui ne veut pas que sa voix concourre, quand il
apperçoit qu'il ne faut que la retirer pour absoudre.

4.º La loi de la majorité donne lieu à des débats qui se prolongent après le jugement au scandale du public; au lieu que, dans celle de l'unanimité, les esprits se rassayent après la discussion;
l'adhésion de la minorité d'abord dissidente, fortifie l'opinion de la majorité qui l'emporte, et la
décision qui survient est réputée l'ouvrage de tous.

5.º Sous la loi de l'unanimité, si la minorité
cède, c'est la majorité qui décide. Si c'est la majorité qui cède, c'est qu'elle reconnaît qu'elle avait
tort. Le côté qui cède est toujours celui qui n'a
pas raison.

6.º La bizarerie, les caprices, l'entêtement viennent échouer contre l'unanimité. Elle soutient
le Juré pusillanime, et le Juré corrompu ten-
terait envain d'entraîner dans son parti la grande
majorité prononcée dans un sens contraire.

Je vais examiner successivement ces divers
avantages attribués à l'unanimité, et je suivrai
autant qu'il sera possible l'ordre dans lequel je
viens d'en offrir l'analyse.

Je conviens que, sous la loi de l'unanimité, la
discussion est poussée aussi loin qu'elle peut l'être;
quand il y a différence d'opinion, aucun juré ne
peut rester indifférent à l'opinion des autres,
parce qu'il faut qu'il s'y conforme ou qu'il en
triomphe. Il doit pour cela s'établir un débat dans
lequel chacun expose sa pensée; avec les motifs
qui le déterminent, et ce débat ne doit finir que
quand l'unanimité est acquise; mais je pense que
ce n'est pas un résultat dont on doive s'applaudir.
C'est un mal que des Jurés qui, pour être parfaitement libres, auraient besoin de voter en secret, soient obligés de mettre leur opinion au

jour devant leurs, collègues et d'entrer en lutte
avec des forces inégales. C'est un mal que la discussion soit portée jusqu'à la lassitude, parce
qu'elle peut dénaturer l'impression du débat.

Sans doute on ne doit pas enchaîner la langue
des Jurés lorsqu'ils sont retirés dans leur chambre; mais il est à desirer qu'ils s'en tiennent à
relire les procès-verbaux, en cas de besoin, et à
se rappeller entre eux sans chaleur et sans prétention les principaux faits résultant du débat. Si
la discussion est portée plus loin, il est à craindre
que les motifs, les vrais motifs de détermination
puisés dans le débat ne disparaissent et ne fassent
place à des impressions factices créées par la passion de quelqu'un d'entre eux qui saura prendre
de l'ascendant. L'affaire doit avoir été complette-
ment discutée dans l'auditoire, ou bien le Tribunal n'a pas fait son devoir. Que peut-on ajouter
aux éclaircissemens d'un débat où chacun a eu
la liberté de questionner l'accusé et les témoins,
où le ministère public a dévelopé avec méthode
les chefs d'accusation et les preuves, où le défenseur a fait valoir les moyens de justification, et le
Président, par une analyse claire et succinte, rapproché toutes les parties éparses du procès?

Certes quand cette opération solemnelle est
achevée, la force des preuves doit avoir rempli
et maîtrisé l'âme des Jurés. S'ils se trouvent encore hésitans, c'est que les preuves ne sont pas
suffisantes; c'est qu'ils ne doivent pas être convaincus. Il y aurait un grand danger à les distraire de l'une ou l'autre situation d'esprit où ils
se trouvent alors. Leur détermination ne serait
plus fondée sur les vraies bases qu'elle doit avoir;
mais sur des bases créées hors du débat avec des
élémens fictifs et illusoires. Supposez un certain
nombre de Jurés intelligens et probes quoique

simples sortant de la Salle publique avec la conviction que l'accusé est coupable. Un homme plus
instruit qu'eux, doué de cette volubilité qui in-
commode et embarrasse, vient essayer de boule-
verser leurs idées en créant des systèmes sur les
élémens que doivent avoir la conviction, en posant pour certains des faits mal avérés, et pour
douteux des faits bien constatés, en jettant des
doutes sur l'impartialité des Magistrats qui ont
rédigé les procès-verbaux ou dirigé le débat; qu'ar-
rivera-t-il ? Si ces hommes simples et de bon sens
avaient à voter secrètement, ils laisseraient parler
le discoureur et garderaient leur opinion ; mais
ils sont obligés de la produire et de la mettre en
opposition avec la sienne; cette contradiction l'ir-
rite ; il devient plus pressant, quelquefois inso-
lent. Alors ou les Jurés sont faibles et modestes,
ou bien ils ont une raison robuste et un peu de
présomption. Dans le premier cas bientôt la lassitude s'en mêle, la confusion s'établit dans leurs
idées, leurs motifs de détermination se dispersent,
ils chancèlent, ils cèdent. Si les Jurés sont forts
et présomptueux, c'est un autre danger; ils sou-
tiennent le combat pendant quelque temps; c'est
ce qu'avait désiré l'homme adroit et passionné que
je suppose parmi eux. Il leur pose des principes,
ils les avouent; il en tire des conséquences qui les
étonnent mais qu'ils sont obligés d'admettre; il
les conduit de conséquences en conséquences bien
loin de leur opinion, et les enveloppant dans leurs
propres concessions, il leur en montre le résultat
nécessaire qui est l'absolution de l'accusé. Que faire
alors ? Il faut céder ou paraître inconséquent et
entêté. On cède labialement, et cependant on était
convaincu.

Si au contraire on place les Jurés dans une
position où ils n'aient aucun compte à se rendre

de leurs opinions respectives , leur réunion dans
la chambre n'aura pour but que de leur procurer
la faculté de se recueillir , de prendre quelques
renseignemens nouveaux sur les pièces ou de se
faire donner par ceux de leurs collègues auxquels
ils ont confiance quelques éclaircissemens auxquels ils n'ont pas été suffisamment attentifs dans
le débat. Cela se fait avec simplicité , sans discussion et sans chaleur. Si quelque être officieux en-
treprend de les endoctriner sans en être invité ,
il leur inspirera de la défiance ; ils seront sur la ré-
serve et, sans se commettre avec lui, sans le suivre
ou le combattre dans ses raisonnemens , ils s'ar-
rêteront au sentiment qui maîtrise leur conscience
et se réserveront sans scrupule et sans crainte à
voter d'après eux.

Ainsi cette insouciance sur la discussion que le
citoyen Oudart semble redouter de la part des
Jurés déterminés est ce que j'estime le plus; et
le système de l'unanimité, eût-il d'ailleurs les avantages qu'il lui suppose, je le rejetterais par cela
seul qu'il établit une discussion forcée entre des
hommes inégaux en moyens, qu'il conduit à un
débat obscur , informe , orageux , illégal , hors
la présence de l'accusé, des témoins et des Juges,
et qui doit presque infailliblement produire un
résultat contraire à celui du vrai débat. Je n'ai
pas l'avantage de donner à mes pensées le séduisant coloris qui prévient en faveur de l'opinion
que je combats; mais j'ai pour moi l'argument le
plus respectable de tous, l'expérience. J'atteste que
toutes les fois que les Jurés ne sont pas tourmentés
par quelqu'un de ces hommes auxquels un certain
talent fournit la prétention de dominer ; toutes
les fois qu'on ne renverse pas, pour ainsi dire,
violemment l'opinion que le progrès du débat a
fait naître et fortifié dans leurs âmes , leurs dé-

cisions sont sages. Le Tribunal que je préside a
vu le Jury tomber dans des erreurs ; mais il n'en
est pas une importante, qu'il n'ait le droit d'imputer à tel homme prédominant qui l'a extorquée
en abusant de la discussion.

Quoi, l'on veut prendre des précautions contre
la complaisance, la pusillanimité, la corruption,
et l'on établit une arène, d'où s'entendent au loin
les violens débats des Jurés, et où l'on ne rem-
porte que des *victoires fumantes* ! n'est-ce pas rendre en quelque sorte les solliciteurs témoins de
la manière dont chacun se comporte et accabler
les Jurés de tout leur ascendant ? tel homme a
assez de probité pour suivre le mouvement de sa
conscience, malgré les sollicitations, s'il vote en
secret, qui n'a pas le courage de braver les reproches auxquels il s'expose si son opinion est connue. C'est le cas où la vertu timide et chancelante
a le mystère pour asyle. Il est bien étonnant que
le secret soit jugé nécessaire dans les délibérations
des Juges civils, qui s'astreignent eux-mêmes par
les lois de l'honneur à le garder scrupuleusement,
et qu'on ne sente pas la nécessité de donner cette
sauve-garde à la faiblesse des Jurés.

L'unanimité est, di-t-on, l'ecueil de la vénalité
parce qu'il faudrait corrompre non seulement un
Juré mais douze, ou au moins la majorité. Je réponds, 1.° j'espère présenter, pour la formation du
tableau, un mode qui rendra toute tentative de
corruption presqu'impossible; 2.° dans aucun système personne ne sera assez mal adroit pour
mettre en usage des moyens de corruption envers
beaucoup de Jurés; on en perdrait le fruit par
le scandale qu'ils produiraient. Ce ne sera jamais
que quelque Juré marquant qu'on tâchera de
corrompre, dans l'espoir que son ascendant en-
traînera les autres. Or cet ascendant est plus

efficace dans le système de l'unanimité que dans tout autre. C'est là sur-tout qu'on peut livrer la guerre à la faiblesse, l'embarrasser par des sophismes, l'intimider par des menaces, obséder, insister et justifier son entêtement par la nécessité de s'accorder. C'est dans ce système que la force physique vient encore seconder les moyens moraux; si l'homme qui s'est vendu à l'accusé ne réussit pas par la persuasion, il est sûr de réussir par la force de son estomac. Le commun des Jurés a bien la volonté d'être juste et de punir le crime ; mais cette volonté ne résiste pas aux privations cruelles auxquelles ils sont assujettis, lorsqu'ils ne s'accordent pas. La loi qui ordonne ces privations n'est, dit-on, que comminatoire, en Angleterre : qu'est ce que cela veut dire? La vérité est qu'on l'applique quand on en a besoin. Toutes les lois pénales ne sont que comminatoires, et elles n'en sont pas moins des lois. Il faut en venir là, quand il n'y a pas d'autre moyen d'obtenir une décision ; si la loi n'existait pas, la nécessité en tiendrait lieu. Il est donc un pays au monde où le froid, la faim, la soif, sont les motifs légaux du Juge pour condamner ou pour absoudre; et ce pays là n'est point aux Antipodes ; il est dans l'Europe policée ! Je persiste à dire que dans ce pays là, on peut acheter un homme qui, champion de l'accusé, luttera contre onze autres à la force des estomacs ; il les vaincra quand il serait physiquement le plus faible, parce que les autres n'auront pas les mêmes motifs de constance. Il ne faut pas croire que ce soit une témérité pour un Juré passionné, que d'entreprendre d'en vaincre onze qui ne le sont pas. Si un se détache de ces derniers par lassitude, un ou deux autres s'en détachent bientôt aussi ; l'espoir et le courage de ceux qui persistent diminuent d'autant et ils
cèdent

cèdent infailliblement. Il en serait autrement, si la
majorité faisait la loi. Dans ce cas-ci on n'est forcé
de céder qu'à la raison ou à ce qu'on prend pour
elle; dans le système de l'unanimité , on cède à
la nécessité et à la force. Dans le premier cas ; on
méprise l'obstination d'un homme dont la voix
isolée ne peut rien; dans le second, on est obligé
de respecter l'avis d'un homme, sans lequel la décision ne peut se former. Oserai-je le dire ! il n'y
a pas plus de chances en faveur de l'opinion d'une
masse d'onze Jurés , qu'en faveur de celle d'un
Juré solitaire ; parce que chaque Juré d'un côté
comme de l'autre, ne soutient son opinion que
par les moyens physiques ou moraux qui lui
sont personnels. Ces moyens peuvent être plus
robustes dans le Juré qui est seul que dans chacun des onze qui lui sont opposés; il n'a pas besoin d'une force supérieure à celles réunies de
ses onze adversaires, mais seulement d'être plus
fort que le plus fort d'entre eux. Cet homme , dit-
on , craindra le déshonneur : faible barrière pour
celui qui a été assez vil pour se vendre ! Est-ce
que la somme promise et déposée aux mains d'un
tiers ne peut pas être assez forte pour tenir lieu
de tout à une âme corrompue ? D'ailleurs ne
reste-t-il pas toujours de l'incertitude sur la bonne
ou mauvaise foi dans ce cas ? Il y a plus ; c'est que
quand la majorité cède par faiblesse contre sa
conscience, elle n'ose pas le divulguer ni s'en plaindre ; ce serait pour elle que serait le déshonneur.
Enfin malheur à votre institution si la honte est
le partage de celui qui ne pense pas comme les
autres.

Qu'on cesse donc de compter parmi les avantages du mode dont il s'agit , celui de remédier à
la vénalité ; ce n'est que dans ce système qu'il est
possible de tenter ce moyen. Dans celui de la ma-

E

jorité il ne suffirait pas de corrompre un Juré ;
il faudrait en corrompre plusieurs. Or cela ne peut
se faire sans scandale. Dans tout système où les Jurés votent secrètement, il est impossible de faire
une convention et de s'assurer qu'elle a été exécu-
tée; l'homme assez vil pour se vendre le serait assez
pour tromper celui qui le paie. Dans le mode de
l'unanimité un seul Juré, comme je l'ai dit, peut
triompher de tous les autres, et l'émission de son
vœu en présence de ses collègues le rendant aussitôt public lui fait une preuve qui l'autorise à en
exiger le prix.

Mais la simple majorité n'est, dit-on, qu'une
justice extérieure et présumée; quand cinq Jurés
proclament l'innocence de l'accusé, sa condamn-
nation laisse des doutes. J'observe 1.° qu'il n'est
pas juste de rehausser les avantages de l'unanimité en les comparant à ceux de la simple majorité,
car il ne s'agit nulle part de la simple majorité.
Je ne sache pas que personne ait proposé ce mode
de délibération. 2.° Il n'arrive jamais que cinq Jurés proclament l'innocence de l'homme qui est
condamné par sept. Cela n'arriverait pas même
dans celui de la simple majorité. La minorité qui
n'a pu acquiescer à la condamnation exprime seulement ses doutes. Elle est communément elle-
même très-persuadée que l'accusé est coupable ;
seulement elle n'est pas convaincue, ce qui est
toute autre chose. Mais ses doutes opposés à l'o-
pinion d'une grande majorité qui se déclare convaincue n'altèrent point la confiance due au jugement. Si huit Jurés ont une pleine conviction
et que quatre seulement hésitent, cette hésitation
ne détruit point ce qu'a d'imposant la pleine conviction des autres.

Je conviendrai qu'il n'est pas sans exemple, dans
le système de la majorité, qu'un Juré *méticuleux*

d'abord décidé à condamner ait retiré sa voix ;
lorsqu'il s'est apperçu qu'elle formait le nombre
juste réquis pour la condamnation. J'oserai dire
d'abord à ceux qui voient en cela un grand inconvénient, ne blâmons point le sentiment qui porte
ce Juré à en agir ainsi : il honore l'humanité ; il
n'appartient qu'à l'honnête homme ; si on veut bien
l'analyser, on verra qu'il suppose l'absence d'une
conviction profonde. Mais j'ajoute, n'y a-t-il que
l'unanimité qui puisse remédier à ce mal, si c'en
est un ? Je pense qu'il n'y a rien de plus efficace
pour cela que le mode de voter par scrutin secret,
parce que chacun des Jurés ne sachant parfaitement ce que pensent les autres ne tremble point
sur les suites de son vœu comme lorsqu'il apperçoit que c'est lui qui détermine la condamnation.
Dans le mode de l'unanimité le Juré timide est
soutenu, je l'avoue, par l'opinion des autres; mais
cette sécurité empruntée est-elle bien légitime ?
Un honnête homme auquel la loi demande l'expression de son sentiment intime peut-il compter pour quelque chose l'opinion d'autrui dans ses
motifs ? Rien n'est plus redoutable que cette manière de voter, comme par acclamation et par
l'effet de cette puissance électrique qui agit sur
l'esprit des hommes réunis en grand nombre.
Quand les Jurés votent secrètement, chacun d'eux
pénétré autant et non plus qu'il ne faut de l'impor-
portance du vœu qu'il va émettre, est obligé de
scruter scrupuleusement sa conscience pour y
chercher ses motifs de détermination ; quand ils
votent par acclamation, la plupart sont entraînés
par l'opinion d'autrui. Certes c'est là un mal : il
faut que le suffrage d'un Juré soit le fruit d'une
délibération froide et réfléchie de sa part, il faut
que son vœu soit tout à lui.

Ce n'est donc que l'homme peu délicat ou fai-

E 2

faible qui se laisse ainsi entraîner par la majorité ;
quand il balance. Mais l'homme honnêt , l'homme
doué d'un certain caractère ne se rassurera point
ainsi contre ses doutes. Or supposez un pareil
homme au milieu de Jurés forcés de voter à l'u-
nanimité ; il ne cédera jamais , s'il n'est pas convaincu, Il se dira : cet accusé ne peut être condamné qu'en conséquence d'une conviction uniforme de douze Jurés ; la mienne n'est pas parfaite; je serais un lâche si j'acquiesçais ; le sang
de cet homme retomberait sur moi.

A la vérité cet inconvénient se fait peu sentir
en Angleterre ; mais s'en suit-il qu'il ne soit pas
un résultat du systèn e de l'unanimité ? Non ; il
s'en suit seulement que ce système, sauf quelques
cas particuliers , n'est pas réellement pratiqué en
Angleterre. Le peuple de ce pays-là plus sage que
ses législateurs a senti que l'unanimité n'est et ne
peut être qu'une forme extérieure; il a conçu que
c'était prescrire l'impossible que de prescrire à
douze hommes pensans différemment sur le même
fait après mûre délibération , d'y penser de la
même manière , comme s'il dépendait de chacun
d'avoir deux opinions contraires. On conçoit que
ce principe admis et bien consolidé dans l'esprit
de la nation , tous les jugemens s'y rendent à l'u-
nanimité , quant à la forme , mais réellement à
la majorité. La rigueur de la loi n'inspire aucun
scrupule aux plus méticuleux de la minorité ; ils
se rendent sans hésiter quand la majorité est prononcée , parce que tout le monde sait que l'opinion générale et la raison universelle sont au-
dessus des lois. D'après ces idées reçues il ne résulte d'autre inconvénient de la bizarrerie du système anglais que le scandale d'une loi tombée en
dérision , d'un mensonge public qui se renouvelle
chaque jour et ne trompe personne , et de l'im

prudence du législateur qui l'a rendu nécessaire.

Si l'on convient que le système de l'unanimité est ainsi conçu et pratiqué en Angleterre ; s'il est vrai que c'est réellement la majorité qui prononce en obtenant le silence de la minorité , c'est le cas de dire de l'institution anglaise qu'elle n'offre qu'une *justice extérieure et présumée* ; puisque la décision s'y forme souvent par la simple majorité et non par une majorité imposante. Or quand l'usage ne serait pas reconnu et avoué par les Anglais , pourrait-on douter un instant de son existence ? Qui oserait contester qu'après la discussion la plus lumineuse, il peut rester une différence d'opinion? En vain, dit-on, que l'évidence ne peut pas également être des deux côtés ; il n'y a point d'évidence proprement dite en cette matière. Ce n'est point par des procédés mathématiques que la conviction se forme ; elle est le résultat de preuves morales dont chacun peut être différemment affecté. Nos jugemens sur un fait moral tiennent à une combinaison imperceptible de nos principes , de nos souvenirs , de nos habitudes, avec l'impression des circonstances du fait. J'ai entendu vingt fois des hommes déprévenus dire de bonne foi d'un accusé, l'un , il a la figure d'un honnête homme ; l'autre, il a la figure d'un fripon. Cela provient de la variété des souvenirs que les traits, ou l'accent, ou le maintien de cet homme rappellaient confusément dans leur mémoire. Au surplus je n'insisterai pas d'avantage pour prouver que les hommes peuvent être de bonne foi discordans sur un fait. Il s'ensuit que la loi anglaise est une loi folle qui prescrit l'impossible ou une loi immorale qui commande de mentir au public.

L'unanimité a , dit-on , l'avantage de prévenir les débats scandaleux qui , dans la loi de la

E 3

majorité, se prolongent après la décision ; les esprits se rassoyent quand le jugement est rendu. L'adhésion de la minorité d'abord dissidente fortifie l'opinion de la majorité qui l'emporte et la décision est réputée l'ouvrage de tous. J'oserai dire que rien de tout cela n'est vrai. Un Juré fortement prononcé contre l'opinion qui triomphe s'indigne de passer pour y avoir concouru. Il s'empresse de proclamer par-tout qu'il désaprouve le jugement. Il a d'autant plus intérêt de le faire que l'unanimité peut être réputée réelle jusqu'à protestation de sa part. Il ne craint point de se déshonorer en publiant qu'il n'a cédé que labialement; il n'y a de déshonneur que pour la loi qui lui en a fait une nécessité. Cette nécessité justifie toujours la faible minorité qui cède enfin après que la discussion est épuisée. C'est se faire illusion que de prétendre qu'une pareille adhésion fortifie l'opinion de la majorité. Un acquiescement purement labial ne détruit point l'opposition des opinions. La décision, il est vrai, serait plus respectée du public si le secret était gardé ; mais il ne le sera point dès que l'amour propre sollicitera à le violer.

Ce n'est que sous la loi de la majorité qu'il est facile de prévenir l'éclat des ressentimens qui survivent à la décision : parce que ce n'est que dans ce mode qu'on peut établir un scrutin où chacun émette son opinion, sans connaître en particulier celle d'aucun de ses collègues. Un Juré dans ce cas peut être mécontent du résultat ; mais ne sachant à qui l'attribuer, son ressentiment est sans objet direct. Il n'aura pas le même empressement à proclamer son opinion, parce que l'unanimité n'étant pas nécessairement présumée, il sait que personne ne peut s'en prendre absolument à lui d'une décision qui déplait au public.

Il s'est formé sans doute contre l'intention du citoyen Oudart un jeu de mots sous sa plume, lorsqu'il
dit: si la minorité cède, c'est la majorité qui décide;
si c'est celle-ci qui cède, c'est qu'elle reconnaît avoir
tort. Le côté qui cède est toujours celui qui n'a
pas raison. Que signifie *céder* dans ces propositions? Si céder est se laisser pénétrer de l'opinion
contraire à celle qu'on soutenait, on s'est mal exprimé en disant que lorsque la minorité cède, c'est
la majorité qui prononce ; c'est alors l'unanimité,
puisque dans l'hypotèse les opinions sont devenues uniformes. Si céder est condescendre à l'o-
pinion d'autrui sans cesser d'en avoir une contraire ; on s'est encore mal exprimé quand on a
dit, lorsque la majorité cède, elle reconnaît qu'elle
avait tort. Elle ne reconnaît pas dans ce cas avoir
tort puisqu'elle garde son opinion; mais elle con-
sent à une injustice. Dans l'un et l'autre sens il
n'est pas vrai que celui qui cède soit toujours celui
qui n'a pas raison ; c'est professer que l'homme
opiniâtre et entêté qui ne cède jamais est infaillible.

Enfin le citoyen Oudart a prétendu que la bizarrerie, le caprice, l'entêtement viennent échouer
contre la loi de l'unanimité. On ne conçoit pas
cela. Pourquoi un Juré n'aurait-il pas un caprice,
une bizarrerie dans un régime où il est sûr de
réussir avec un entêtement persévérant, aussi bien
que dans un autre où une opinion capricieuse et
bizarre ne peut lui garantir que la risée et le mépris de ses collègues ?

Je terminerai cette discussion par un exemple
qui seul démontrera le vice de la loi proposée. Je
suppose qu'après une discussion solemnelle six Jurés soient décidés à absoudre et six à condamner.
Il est très-permis de penser qu'aucun ne changera
d'opinion. Or en ce cas, dans toutes les législa-
tions du monde l'accusé serait absous. Il n'y a point

E 4

de partage en matière criminelle. Hé bien ! Dans la législation anglaise l'accusé n'est point acquitté par l'effet du partage. Il y a plus ; il court les risques d'être condamné. Les auteurs du projet ont fait des argumens plausibles tant qu'ils ont supposé une minorité, parce qu'on a lieu de présumer qu'elle cède et alors c'est la majorité qui prononce. Mais quand il y a partage, peut-on prévoir quel parti cédera ? Ce sera, dira-t-on, le parti qui vote pour condamner. Je ne l'espère pas. Ma raison est que ceux qui opinent pour condamner n'opinent ainsi que parce qu'ils sont convaincus. Les autres n'opinent pour absoudre que parce qu'ils ne sont pas assez convaincus du crime, mais sans être convaincus de l'innocence. C'est chez eux un simple doute, un état d'hésitation. Or opposez six hommes hésitans à six hommes qui ont une volonté forte et déterminée, la probabilité n'est pas que ceux-ci cèderont. L'accusé pourra être condamné contre toutes les règles en cas de partage.

Je conclus de tout ce que j'ai dit sur ce sujet que la loi du secret appliquée au système de la majorité donne aux Jurés une liberté dont ils ne jouissent pas dans aucun autre mode et fait disparaître tous les inconvéniens qu'on reproche à ce système, le seul qui se présente sans effort à l'imagination, parce qu'il est le seul qu'indique la nature et la droite raison. Je conclus que le système anglais est un système bizarre condamné par nos premières pensées qui sont d'ordinaire les plus justes et qu'il a des inconvéniens que rien ne peut balancer.

CHAPITRE IX.

Quelle majorité est requise pour former la décision du Jury ?

Dans toute assemblée délibérante la règle naturelle est que le plus grand nombre fait loi. Mais la liberté et la vie des hommes sont des biens si sacrés que chez un peuple doux et policé la loi ne peut les rendre dépendans d'une certitude aussi imparfaite que celle qui résulte de la simple majorité. La confiance due à l'opinion de six hommes est peu supérieure à celle due à l'opinion de cinq quand elles sont formellement contraires. Il est vrai qu'en cette matière elles ne sont communément que contradictoires. Quand une majorité de Jurés dit nous sommes convaincus que l'accusé est coupable, la minorité ne dit pas nous sommes convaincus qu'il ne l'est point, mais seulement nous ne sommes pas convaincus qu'il le soit. Néanmoins étant possible qu'une fois sur mille ceux qui veulent absoudre aient, sinon la conviction, au moins une très-forte persuasion de l'innocence, cette considération doit déterminer à exiger plus que la simple majorité pour condamner.

En l'an cinq le Corps législatif crut avoir trouvé un sage milieu pour prévenir les inconvéniens de la simple majorité et celle de l'unanimité anglaise, lorsqu'il ordonna par la loi du 19 fructidor que la décision des Jurés ne pourrait être rendue qu'à l'unanimité dans les vingt-quatre heures, et qu'après ce temps elle le serait à la simple majorité. Ce système était fait pour séduire, jusqu'à ce que l'expérience en eût fait connaître l'abus. Une délibération de vingt-quatre heures épuise la discussion et présente sous ce rapport tout l'avantage qu'on attribue au mode anglais. Après une pareille discussion la majorité qui persiste n'est réputée le faire que parce qu'elle est maîtrisée par l'évidence ; son vœu en devient plus imposant. Si les Jurés s'accordent au moins labialement , ce qui arrive presque toujours , on obtient tous les résultats qu'on cherche dans l'unanimité ; s'ils ne s'accordent pas , on a au bout de vingt-quatre heures une déclaration vraie et conforme à l'opinion du Jury. On a évité le scandale d'un mensonge public. Aucun Juré n'a le droit de se plaindre de la décision rendue à l'unanimité ; il se ferait accuser de lâcheté pour avoir cédé avant l'expiration des vingt-quatre heures. Il sera mal écouté s'il se plaint de celle rendue à la majorité après ce temps écoulé , parce que , je le répète , l'opinion de la majorité en est devenue plus respectable et le public en ce cas , place l'entêtement du côté de la minorité.

On a donc tort de dire que ce système est une dérision qui favorise les passions et laisse un libre cours aux dissentimens. Je n'ai pas lu l'ouvrage du citoyen Bexon cité par le citoyen Oudart, mais je ne puis croire qu'il établisse cela. Cependant malgré les avantages apparens de ce système, je ne puis me résoudre à l'admettre. Je le préférais sans doute à tout autre s'il était pratiqué ; mais je le rejette parce qu'il ne l'est pas et parce qu'il n'y a point de moyens d'empêcher de l'éluder. Je le rejette parce qu'il présente tous les inconvéniens de celui de l'unanimité , parce que dans la pratique c'est parfaitement le même système. Le citoyen Oudart m'en fournirait la preuve , si je ne l'avais dans ma propre expérience. « Depuis près de dix-» huit mois , nous dit ce Magistrat , je prends » note des jugemens rendus par Jurés dont les

» piéces sont apportées au greffe du Tribunal de
» cassation sur le recours du condamné ou du
» Commissaire du Gouvernement. Je n'ai pas
» compté vingt déclarations de Jurés rendues à
» la majorité absolue. »

Ainsi dans les cent huit Tribunaux criminels de
la République il y a à peine un jugement par mois
rendu à la majorité. Si chacun de ces Tribunaux
juge cinq affaires par mois, il s'en suit qu'il y a
environ un jugement sur cinq cents rendu de cette
manière. D'où cela provient-il? Croit-on que tous
les autres soient rendus à l'unanimité réelle? Non.
Il peut y en avoir un cinquième. Ainsi il reste
par mois quatre cents jugemens effectivement rendus à la majorité, quoique prononcés comme ré-
rultats d'opinions uniformes. C'est que nos Jurés
comme les Jurés anglais ont senti que quand la
discussion est épuisée et que les opinions sont fi-
xées, on attendrait vainement l'unanimité réelle.
Le jugement est fait dès lors par le vœu de la majorité; il faut que la minorité cède, et elle cède
en effet. Mais il résulte delà que depuis l'an cinq
le Jury français juge à la simple majorité comme
le Jury anglais. Or la simple majorité, comme
je l'ai dit, n'offre pas à l'innocence une garantie
suffisante.

Il faut d'une part que la majorité qui condamne
soit assez forte pour ne laisser aucune inquiétude
sur le sort de l'accusé. Il faut d'autre part que la
minorité absolvante ait assez de consistance pour
ne pas devenir la facile proie de l'intrigue et de
la vénalité. L'assemblée constituante pleine d'idées
libérales avait fixé à cinq sixièmes la majorité nécessaire pour condamner. Peut-être elle aurait
eu raison si le Jury avait été formé d'un plus grand
nombre de Jurés, parce qu'alors la minorité absolvante eût encore été composée d'un nombre

assez considérable pour être à l'abri du soupçon de vénalité ou d'affection particulière. Mais dans un Jury composé de douze, cette minorité si puissante n'est que de trois, et le hazard peut rassembler quelquefois un homme corrompu, un homme passionné et un de ces hommes timides qui ne peuvent se résoudre à condamner.

Je pense qu'on doit exiger cinq voix sur douze pour former la minorité absolvante. Ce nombre doit rassurer contre les tentatives de séduction qui ne peuvent jamais être assez mesurées pour corrompre cinq hommes sur douze sans faire un éclat dont la justice sera avertie. Elle doit rassurer aussi contre les effets du hazard qui peut placer quelquefois dans le banc des Jurés un ou deux partisans de l'accusé, jamais un si grand nombre. D'autre part la majorité requise pour condamner sera dans ce cas de huit et la minorité réduite à quatre. Or quand huit hommes sont plainement convaincus du crime et que quatre seulement sont hésitans, les incertitudes de ceux-ci ne sont pas d'un assez grand poids pour inquiéter la justice. Je sais que le citoyen Oudart paraît craindre pour l'accusé, si la majorité qui condamne est de huit ; mais il craint aussi l'impunité du crime si elle est de neuf. Cependant il n'est pas possible qu'il y ait des dangers opposés résultans de nombres si rapprochés. Il ne peut y avoir excès en plus dans le nombre neuf et excès en moins dans le nombre huit, car dans toutes choses susceptibles d'excès il y a un milieu possible ; or ici il n'y en a pas. J'observe au surplus que j'offre, en déterminant ainsi ce qui doit constituer la majorité, un adoucissement dans la législation criminelle puisqu'il est vrai que depuis l'an cinq toutes les affaires se jugent à la majorité de sept contre cinq ; mais si l'on craint encore de compromettre l'in-

nocence on peut élever au nombre de neuf la majorité qui condamne. Alors la minorité absolvante sera réduite à quatre. C'est un essai que l'on
peut faire du moins ; je suis d'avis que s'il faut être
sévère il est bon de ne le devenir que par dégrés.

CHAPITRE X.

De la position des questions.

Ne sera-t-il proposé aux Jurés que cette seule
question ; *l'accusé est-il coupable ?* C'est le vœu de
la commission; elle y a été entraînée par l'exemple des autres peuples qui ont des Jurés et qui
n'en posent pas d'autre. Mais dans un ouvrage
couronné par l'Institut national, le citoyen Bour-
guignon a sagement observé que ce qui convient
aux autres peuples ne peut pas nous convenir,
parce que notre code pénal établit une gradation
de peines relatives aux circonstances dont le délit
est accompagné ; d'où il conclut qu'il ne suffit pas
qu'on sache que l'accusé est coupable, mais qu'il
faut encore qu'on sache le dégré de sa culpabilité,
sans quoi le Juge ne saura quelle peine appliquer.
Il est vrai que le nouveau projet de code pénal,
en laissant sagement aux Juges le droit d'augmenter ou de réduire la peine dans certaines
bornes déterminées, a affaibli l'importance de
cette objection; mais il ne l'a pas détruite. Il restera une infinité de cas dans lesquels le Juge ne
saura quelle peine prononcer, s'il est de bonne
foi, ou dont il abusera, si ce n'est pas un homme
juste. Je suppose les cas que j'ai cités ci-devant,
d'un homme accusé d'assassinat, ou d'un homme
accusé de vol accompagné de tortures et de bar-
baries ; au débat l'accusé, dans le premier cas,
se trouve convaincu d'un simple homicide par

imprudence, dans le second il est convaincu d'un
simple vol. Que répondront les Jurés ? Ils doivent répondre, dans un cas comme dans l'autre,
que l'accusé est coupable ; ou bien un vol et un
homicide resteraient impunis. Mais que prononcera le Juge ? Il aura à choisir entre les peines
diverses que la loi prononce contre l'homicide et
le vol dans les circonstances variées qui peuvent
accompagner ces crimes.

Le Juge, dira-t-on, aura apperçu aussi bien que
les Jurés le cas dans lequel se trouve l'accusé,
et il lui appliquera les peines relatives. Je conviens
que cela arrivera ordinairement; mais il faut convenir aussi que cela dépendra de la volonté du
Juge, de l'attention qu'il aura donnée aux faits
et de la rectitude de son jugement. Ce sera lui
enfin qui sera le vrai Juge de l'importance du fait.
On l'établit donc Juge du fait ; or si on veut lui
attribuer ce pouvoir, il est très-inutile de lui ad-
joindre des Jurés. Si ceux-ci ne sont destinés qu'à
constater le fait matériel et que l'examen des
circonstances soit du ressort du Magistrat, ce
Magistrat est tout ; la vie et la mort de ses concitoyens sont entre ses mains. Il ne faut pas s'é-
tonner après cela qu'en Angleterre le Jury ait
beaucoup de déférence pour le grand Juge qui
le dirige, puisque la décision du Jury n'a qu'une
influence illusoire. Si l'on est content de cette
espèce d'institution chez les Anglais, c'est une
belle preuve de la force de l'habitude chez un
peuple; mais cela ne prouve pas que l'institution
soit bonne.

Les auteurs du projet ont prévu l'inconvénient
d'une question unique et ils ont cru y remédier
en autorisant les Jurés, lorsqu'ils le demandent,
à rendre une décision détaillée, ce qui s'appelle en
Angleterre un *verdict* spécial. Mais pourquoi cette

restriction *s'ils le demandent.* Il serait nécessaire
d'un verdict spécial toutes les fois que le vague de
la réponse à la question consacrée peut donner
lieu à l'application de plusieurs espèces de peines,
selon la volonté du Juge. Or les Jurés ne le demanderont pas toujours ; 1.º parce qu'ils auront
confiance au Magistrat qui aura sur eux un su-
prême ascendant; 2.º parceque la formule vague
de la réponse qu'on leur demande favorise leur
paresse et les dispense d'une attention scrupu-
leuse; 3.º parceque le plus souvent ces Jurés,
ignorant la gradation des peines et l'influence
que telle circonstance doit avoir sur le sort de
l'accusé, ne soupçonneront pas même l'utilité
d'une pareille précaution. Il faudrait donc qu'ils
fussent avertis qu'ils doivent rendre un *verdict
spécial* toutes les fois que le débat présente les circonstances autrement que l'acte d'accusation ne
les énonce. Or comme il n'arrive presque jamais
que les caractères du fait soient tels qu'ils sont
exposés dans cet acte d'accusation, n'est-il pas
plus simple de faire une règle générale qui oblige
le Juge à poser des questions sur toutes les circonstances qui peuvent changer l'espèce de la
peine ? Outre que cette méthode a l'avantage de
guider les Jurés et de leur tracer l'ordre de leur
délibération en leur mettant en questions sous les
yeux, l'analyse du procès, on épargne la rédaction
d'une déclaration détaillée pour laquelle on est
obligé de leur envoyer un rédacteur, qui peut la
rédiger dans son sens bien plus que dans celui
des Jurés, qui ne manquera pas d'être assailli de
mille questions en entrant dans la chambre des
délibérations ; qui prendra s'il le veut, sur les
Jurés une influence très dangereuse et qui enfin
viendra lever le voile du secret dont beaucoup de
Jurés voulaient couvrir leur opinion.

J'avoue que si l'on ne veut conserver que le nom de l'institution des Jurés et rendre aux Juges tout le pouvoir dont ils jouissaient en France avant la révolution, on peut s'en tenir à la formule de la question proposée. Mais si on veut réellement faire jouir la Nation de l'institution des Jurés; si on reconnait qu'il soit bon que le pouvoir de juger en matière criminelle soit partagé entre des Juges de fait et des Juges de droit, il faut laisser à chacun de ces ordres de Juges ce qui est de sa compétence ; il ne faut pas qu'après que les premiers ont déclaré un accusé coupable, les autres ayent à déterminer la mesure de sa culpabilité, parce qu'elle ne peut se déterminer que par des faits et que les faits ne sont pas de leur compétence.

On craint l'abus de l'esprit d'analyse qui multiplie quelquefois les questions à l'infini, et peut jetter les Jurés dans le plus grand embarras.

On cite des Tribunaux qui ont posé dans une seule affaire trente mille questions. Il est heureux d'avoir un pareil fait à citer contre un système qu'on veut détruire. Mais puisqu'il s'agit de faits, je dirai que le département de la Manche étant un des plus populeux de la République, le Tribunal que je préside doit être un des plus occupés; hé bien! depuis quatre ans je n'ai pas eu l'occasion d'y poser trente questions dans la même affaire, ce qui est bien loin de trente mille. Dans les années six et sept de la République, ce Tribunal avait à juger les restes de la première chouannerie. On y traduisait quelquefois des bandes considérables accusées de faits multipliés; j'ai posé alors une fois ou deux trois ou quatre cents questions. Ce nombre est encore loin de trente mille.

Il est assez grand, dira-t-on pour, embarrasser

les

les Jurés. J'avoue qu'on a lieu de le croire au premier apperçu; mais dans la pratique cette dificulté disparait. Je suppose en effet dix hommes accusés de dix crimes accompagnés chacun de dix circonstances qui donnent lieu à autant de questions. Cela en produit un très-grand nombre. Mais 1.º les circonstances de ces crimes le plus souvent ne sont pas contestées, ou bien sont constatées par des procès-verbaux, à plus forte raison les crimes eux-mêmes. Dans ce cas là, les jurés sont dégagés du soin de toutes ces questions et du moins ne s'occupent laborieusement que de celles de savoir si chaque accusé est convaincu. 2.º Parmi celles ci, il y en a une partie sur lesquelles la conviction est complette, d'autres sur lesquelles l'opinion est chancelante. Si les faits sur lesquels on trouve les accusés bien convaincus sont les plus graves ou s'ils sont du même genre que ceux sur lesquels on hésite, l'examen de ceux-ci n'offre plus d'intérêt, puisque la peine serait la même pour dix crimes que pour un seul; on s'abstient d'y délibérer longuement; on déclare sur ces faits l'accusé non convaincu; ensorte que j'ai vu souvent, sur des questions nombreuses, les Jurés ne s'arrêter réellement qu'à deux ou trois.

Il est possible qu'il n'en soit pas toujours ainsi. Les intérêts de la partie civile peuvent faire quelque fois un devoir de prononcer avec plus de maturité sur chaque question; d'ailleurs les circonstances multipliées du crime peuvent être contestées; mais dans ce cas et toutes les fois que le Magistrat de sureté prévoit de la complication dans une affaire, à raison de la multiplicité des faits ou des accusés, ne doit-il pas la diviser en plusieurs actes d'accusation? mille personnes peuvent être prévenues du crime de conspiration, par exemple; chacun y a pris une part différente

F

et son crime s'établit par des preuves diverses, doit-on envelopper cette multitude dans le même acte d'accusation ? non sans doute. En vain on ne poserait qu'une seule question à l'égard de chacun; le Juré ne serait pas moins obligé de démêler dans sa mémoire les faits particuliers qui concernent chaque accusé; il n'y parviendrait pas. C'est donc à l'abus de comprendre trop d'accusés ou trop de faits dans le même acte qu'on doit imputer l'étrange multiplication des questions dont on nous épouvante; mais cet abus est facile à éviter.

Il est à la vérité des cas qui ne peuvent être divisés dans plusieurs actes d'accusation et dans lesquels on a posé quelquefois une infinité de questions; mais on peut dire que cela tient moins à la nature des choses qu'à l'erreur de certains Tribunaux sur ce qui constitue la complexité des questions, que la loi défend sous peines de nullité. Une question est complexe quand elle porte sur deux faits distincts, de sorte que le Jury répondant négativement à cette question, il soit incertain s'il a voulu seulement nier un des faits ou s'il les nie tous les deux à la fois. Telle est la suivante » l'accusé a t-il volé tel effet avec effrac- » tion ? » Si le Jury répond l'affirmative, il n'y a pas d'équivoque; il est constant que l'accusé a volé et qu'il a volé à l'aide d'effraction. Mais si le Jury répond négativement, on ne saura s'il entend nier à la fois le vol et l'effraction, ou s'il entend seulement nier l'effraction qui est une circonstance aggravante non essentiellement liée au fait principal.

Voilà sans doute un inconvénient qu'il faut soigneusement éviter ; mais en s'en préservant, beaucoup de Tribunaux se sont jettés dans un excès presqu'aussi dangereux. On a cru voir de la complexité dans toute question qui, quoique portant sur un fait unique, paraissait indirectement comprendre une question de droit. Ainsi, par exemple, plusieurs Tribunaux n'ont pas osé poser cette question » a t-il été fait une banque- » route » ? Parcequ'il leur a paru qu'elle contenait à la fois celle de savoir si les faits énoncés dans l'acte d'accusation sont constans et celle de savoir si ces faits constituent une banqueroute. Ils n'ont pas osé poser celle-ci » a t-il fait une » tentative, etc., parcequ'il leur a paru également qu'elle comprenait à la fois celle de savoir si les faits énoncés étaient constans et celle de savoir si, en droit, ces faits constituent une tentative. Par la même raison on n'a pas osé poser ces autres questions : a t-il été formé une conspiration, commis un faux, etc.

Les auteurs du projet semblent approuver cette rigidité dans la position des questions. Quand, disent-ils, vous demandez s'il y a un faux commis, le Jury pourrait répondre au Tribunal cette question est de votre compétence, car c'est à vous, non aux Jurés, de décider ce qui constitue un faux. Mais ils doivent reconnaître que si on fait au Jury cette question qu'ils proposent, » l'accusé est-il » coupable, » il aura bien mieux encore le droit de dire : vous nous posez une question de droit. On n'est coupable que quand on a commis un délit; suivant le premier article du code pénal, il n'y a de délit que les actes ainsi qualifiés par la loi; c'est à vous de nous dire ce que la loi appelle délit.

Il n'est pas étonnant qu'avec des principes aussi stricts quelques Tribunaux ayent posé trente mille questions; il peut se trouver des cas où il y en aura d'avantage à poser. Qui peut borner le nombre des démarches multipliées d'où l'on fait résulter la preuve d'une conspiration, d'une banque-

F 2

route ou d'une tentative de crime quelconque ? Si
vingt personnes en sont accusées; qu'il laisse établir autant de séries qu'il y a de faits et poser sur
chaque fait les questions particulières à chaque
accusé ; s'il faut ensuite étendre les questions relativement à chacun à tous les faits possibles qui
peuvent constituer la complicité, on se trouve
dans un abysme sans fond.

J'ai constamment évité cet embarras en posant
simplement les questions suivantes, selon le cas.
A t-il été fait une tentative, une banqueroute,
un faux, une conspiration, etc. Tous les faits que
d'autres Tribunaux ont pris pour objet de séries
distinctes, je les ai envisagés comme autant d'élémens de la preuve, non comme le fait principal,
que je fais consister en ce cas, à l'exemple du Législateur, dans une pure abstraction. Ainsi un
homme est accusé d'une tentative de vol ; on l'a
trouvé forçant la serrure d'une armoire ; je ne fais
point de ce fait matériel l'objet d'une question ; je
demande seulement aux Jurés s'il a été fait une
tentative de vol, et dans le cours du débat comme dans mon résumé je cite le fait comme preuve de la tentative. Un homme est accusé d'avoir
conspiré contre le Gouvernement ; on l'a trouvé
saisi d'une immense correspondance qui l'établit;
je ne m'occuperai point à poser des questions relatives aux pièces de cette correspondance séparément; je poserai celle de savoir s'il y a eu conspiration et je citerai les différentes pièces pour
preuves de son existence.

On peut objecter que si l'on fait poser la question principale sur une abstraction, la réponse
affirmative qui sera donnée par les Jurés ne sera
pas satisfaisante, parcequ'il est possible que quoique d'accord pour former cette solution affirmative, ils soient réellement discordans sur les faits

qui les déterminent. Ainsi dans le cas de conspiration il peut arriver que trois seulement soient
convaincus que telle pièce est l'ouvrage de l'accusé, que trois autres le soient relativement à
une autre pièce et ainsi de suite; dans ce cas les
Jurés déclareront l'accusé coupable de conspiration et cependant ils ne sont d'accord sur aucun
des faits qui la constituent.

'Je réponds, qu'il n'est pas nécessaire pour que
la conviction soit parfaite, qu'elle soit, dans chaque Juré composée des mêmes élémens. Qui doute
que dans les procès les plus simples tel Juré ne
se détermine par un motif qui ne fait aucune impression sur un autre? Si pour condamner on
exigait l'idendité de motifs dans les Jurés, on ne
condamnerait jamais; il faudrait dès l'instant ou-
vrir toutes les prisons. Mais il suffit que la conviction existe. Il ne faut pas perdre de vue que
c'est un sentiment qui tient à un instinct moral
plutôt qu'à une opération analytique de l'esprit.
On enlève à cette conviction son caractère essentiel lorsqu'on abuse de l'analyse et je ne doute pas
que cette multiplication excessive des questions
sur des faits qui constituent plutôt la preuve du
crime que le crime lui même, n'ait été la cause de
l'impunité de beaucoup de coupables. En effet si
vous questionnez le Juré séparément sur tous les
faits qui forment cette preuve, il est possible qu'il
ne soit suffisamment convaincu d'aucun; mais si
vous lui demandez s'il est constant que l'accusé a
commis le crime, il vous répondra qu'il en est
convaincu. Comment, dira-t-on, peut il être convaincu que l'accusé est coupable s'il ne l'est d'aucun des faits qui constituent la preuve? Il n'est
point convaincu des faits isolés, parcequ'il n'y a
sur chacun que des sémi-preuves; mais ces faits
à demi prouvés sont si multipliés que le Juré fait

F 3

la réflexion très-sensée que le hazard n'a pu rassembler un si grand nombre de fortes présomptions contre l'innocence. Il n'aurait point cédé à
une, à deux, à trois de ces présomptions, mais il
cède à vingt; il demeure convaincu et en ce cas
j'ose dire qu'il est convaincu comme il doit l'être.

Cette diversité de motifs dans la détermination
des Jurés n'est point un inconvénient particuliè-
rement attaché aux questions abstraites. Je suppose le fait le plus matériel : un assassinat. Quatre témoins en déposent. N'est-il pas possible que
trois des Jurés n'ayent de confiance qu'au premier
de ces quatre témoins, trois au second, trois au
troisième, et trois au quatrième ? Ils seront cependant tous les douze convaincus et n'auront
pas les mêmes motifs? N'est il pas possible aussi
que l'assassinat ne soit prouvé contre l'accusé
que par une multitude de démarches ou de pro-
pos cont chacun pris séparément n'est peutêtre
pas suffisamment prouvé, mais qui réunis forment
une masse de fortes présomptions auxquelles la
conviction ne peut résister ?

On ne doit donc pas craindre de poser une
question abstraite lorsque cette abstraction existe dans la loi et qu'elle est à la portée de tout le
monde, ou qu'elle peut y être mise facilement par
une courte explication. Ces questions là ne sont
point questions de droit. Pour décider si une
question est de droit ou de fait, il faut considérer
quel est son objet direct. Or quand je demande
s'il y a faux dans un acte ou plutôt si un acte est
falsifié, il est évident que mon objet n'est point
de m'instruire de ce qui constitue un faux, mais
de savoir si l'acte qui le constitue a été commis.
Celui qui doit me répondre est réputé connaître
d'avance les caractères du faux; s'il ne les connais-
sait pas lui même on a du les lui faire connaître

avant de lui faire la question et c'est là le devoir du Président.

Qu'on ne dise pas que c'est donner à ce Magistrat un pouvoir dont il peut abuser en étendant ou restreignant arbitrairement la définition du crime. Je répondrai que ce pouvoir doit être donné aux Juges ou aux Jurés, car il faut qu'on soit d'accord sur la valeur des mots ; or il y a moins d'inconvénient de le donner aux Juges du droit, parceque c'est réellement une question de droit, que de savoir ce qui constitue tel crime. Il n'y a aucun inconvénient à laisser au Président le soin de faire ces explications , parceque parlant en public, en présence de ses collègues et des défenseurs de l'accusé , il n'y a pas d'apparence qu'il s'écarte des maximes admises dans l'opinion du Tribunal qui aurait le droit de réclamer contre de faux principes qu'on professerait devant lui et en son nom.

On doit se faire d'autant moins de scrupule sur la position des questions abstraites que j'ai présentées pour exemple, qu'il est difficile d'en poser sur le fait le plus matériel sans y introduire des abstractions. Le Président n'est-il pas obligé d'expliquer tous les jours ce qu'on entend par escalade, par effraction, par les mots volontairement, provocation, imprudence, préméditation, etc ; qui présentent quelquefois des difficultés plus réelles que les mots conspiration, tentative, banqueroute. On cite comme preuve de l'ineptie des Jurés l'embarras qu'ils éprouvent quelquefois sur ces mots volontairement, préméditation. Cet embarras m'a paru souvent au contraire une preuve de leur discernement. Un homme lance une pierre contre un autre , il le tue. Il n'en avait pas la volonté, mais il avait celle de lancer la pierre sur lui. On fait la question s'il l'a tué volontairement ; certes ces circonstances donnent bien lieu à demander qu'el est le vrai sens du mot *volontairement* en ce cas. Il faut donc reconnaître qu'on a souvent besoin de se fier au Président pour donner des explications fort importantes et de supposer que tous les mots ayant été expliqués et les définitions nécessaires ayant été données dans le débat, quelque forme qu'ait la question, elle n'a jamais pour but qu'un point de fait.

Ces principes admis la multiplication des questions ne pourra plus être à craindre si l'acte d'accusation est bien rédigé. Mais si, par exemple, le rédacteur de cet acte, après y avoir signalé un des accusés comme principal coupable, se contente d'accuser vaguement les autres d'être ses complices, il faudra poser autant de séries de questions qu'il peut y avoir de moyens de complicité, ce qui est infini. C'est là un inconvénient qu'on peut éviter en prescrivant aux Magistrats de sûreté de préciser le genre de complicité. Par exemple, s'il s'agit d'un vol dont l'objet a été recélé, on dira que tel est complice pour avoir recélé.

J'ajoute qu'on peut encore abréger beaucoup les questions en comprenant dans la même plusieurs circonstances qui réunies ou isolées ont le même résultat, et prenant soin de les séparer par une disjonctive; où plusieurs circonstances qui doivent concourir pour aggraver la peine, en les présentant en masse. Ainsi, s'il s'agit d'une provocation au crime, je puis demander à la fois si la provocation a eu lieu par des dons, ou par des promesses, ou par des menaces; parceque l'un de ces moyens de provocation a le même résultat que tous les trois réunis. Je puis demander par une seule question si un vol déclaré constant a été commis dans une maison habitée où servant

à habitation , sans demander d'abord s'il a été
commis dans une maison , et ensuite, si la maison
était habitée; parcequ'il est indifférent que le vol
ait été commis dans une maison , si elle n'est pas
habitée.

Je pense donc comme la commission, qu'il faut
réduire autant qu'il est possible le nombre des
questions ; mais je ne puis penser qu'il doive être
réduit à une question unique. Je crois au contraire qu'il doit être proposé aux Jurés des questions sur tous les faits contenus en l'acte d'accusation et sur toutes les circonstances énoncées
dans cet acte ou résultantes du débat , qui peuvent
influer sur la nature de la peine. Les faits et circonstances qui ne peuvent influer que sur sa durée ,restent soumis à l'examen du Tribunal.

Il me reste à examiner si une question intentionnelle doit être posée dans tous les cas. J'observe d'abord sur ce point , que si l'on conserve
la règle actuellement existante , il est important
d'établir une formule commune aux affaires de
tout genre. Quoique en général il soit vrai que les
Jurés ne sauvent par leur réponse à la question
intentionnelle que ceux qu'ils ont résolu de sauver et qu'ils sauveraient de toute autre manière ,
il faut convenir qu'il est certaines formules qui
leur en offrent l'occasion trop facile. Telle est celle
qui est prescrite pour le faux en écriture. *L'a-t-il
fait méchamment et à dessein de nuire à autrui ?*
Certes celui qui a fait un faux passeport ne l'a
pas toujours fait à dessein de nuire à autrui. Il l'a
fait le plus souvent pour se procurer un moyen
d'évasion. Je crois que la formule la plus convenable dans tous les cas serait celle-ci. *L'accusé l'a
t-il fait avec la volonté de commettre un crime ?*

Au surplus pour décider si la question intentionnelle doit être posée dans tous les cas il faut
examiner ce qui constitue un délit. Les auteurs

coupables en s'enveloppant dans le vague d'une question unique qu'en abusant de la question intentionnelle?

Quand un voleur a brisé votre porte et enlevé vos effets , on a , dit-on , *la bonhommie de demander* s'il la fait dans l'intention de voler ! Je conviens qu'il y a des cas où l'intention paraît manifeste par le fait même ; mais il y en a beaucoup où cela n'est pas ainsi , or qu'elle autorité décidera si l'intention est assez manifeste pourqu'on puisse se dispenser de poser la question ? Sera-ce le Jury? Alors il prononcera par cela même sur l'intention. Sera-ce le Tribunal? Alors vous l'établissez juge de ce qui constitue réellement la moitié du crime, si j'ose ainsi parler. Il y aurait moins de danger à attribuer aux Juges la compétence du fait matériel. L'intention est plus essentiellement du ressort des Jurés ; parce que c'est plutôt par instinct et par sentiment qu'on décide sur ce point que par l'usage du raisonnement.

On trouve absurde qu'on demande si celui qui a enlevé des effets à l'aide d'effraction les a enlevés à dessein de voler. J'ai cependant vu un cas où il eût été de la plus atroce inhumanité de ne le pas faire. Une famille entière fut traduite au Tribunal que je préside pour avoir , pendant la guerre des chouans , enlevé à l'aide d'effraction tous les meubles d'une autre famille qui avait quitté la campagne pour se réfugier à la ville. La famille accusée qui était du parti des chouans, avait été invitée par l'autre famille de s'emparer de ses meubles restés à la campagne , et de donner à cet enlèvement la forme d'une expédition de chouannerie , afin de les soustraire au pillage et de les lui restituer dans des temps plus heureux. Cela fut exécuté. Les meubles furent rendus lors de la pacification. Cependant la famille présumée coupa-

ble fut poursuivie, incarcérée ; les motifs de l'en-
lévement et la restitution furent solemnellement
prouvés dans le débat.

Fallait-il condamner ces hommes sur le fait
matériel ? On n'osera pas le soutenir. Il faut donc
que le Juge en pareil cas pose la question intentionnelle, ou que la loi l'autorise à absoudre quelquefois lorsque le Jury a déclaré les faits constans.
Or si le Juge obtient de la loi le droit d'user quelquefois d'un semblable pouvoir, comme la loi ne peut
indiquer le cas où il devra le faire , il en
résultera qu'il pourra en user toujours et alors
l'institution du Jury sera anéantie. Il est donc indispensable de poser quelquefois la question intentionnelle. Mais si on reconnait qu'il faut la poser quelquefois, il faut reconnaître qu'on doit la
poser toujours ; autrement le Juge aura le droit
de la poser ou de ne la pas poser , selon sa volonté. S'il a ce droit là , il pourra ne la poser jamais
et rendre frustres tous les moyens invoqués par
l'accusé pour justifier son intention. Il restera vé-
ritablement le maître de cette partie de la cause. Le
voilà établi , comme je l'ai dit , Juge de la moitié
du crime ou plutôt de la moralité du fait qui seul
en fait un crime.

Il me reste à parler du mode de la formation des
listes ; mais comme je considère que le maintien
de l'institution des Jurés est encore en problème,
comme je ne doute pas que , parmi les observations qui seront adressées au Gouvernement , beaucoup ne soient faites dans un sens contraire à ce
système de procédure criminelle, je ne crois pas
inutile de faire ici une digression pour examiner
les reproches qu'on lui fait. Si personne n'attaque
cette institution , je m'applaudirai de l'inutilité de
mes observations ; mais si on renouvelle les objections qu'on a faites jusqu'ici contre elle , je m'applaudirai d'en avoir au moins résolu quelques unes.

ou de probité. Je ne crois pas qu'on puisse analyser autrement la proposition; or voyons si elle
est vraie ainsi analysée. Je voudrais bien qu'on
prouvât que les peuples tant anciens que moder-
nes ont sous ces divers rapports un avantage
réel sur nous ; que les Anglais par exemple sont
plus capables d'attention que les Français ; que
la masse de ce peuple a une intelligence plus dé-
liée que la masse du notre et qu'ils sont plus honnêtes gens que nous.

Mais je suppose cette supériorité démontrée;
examinons encore si dans notre infériorité réelle
ou prétendue les qualités requises ne nous restent pas dans un dégré suffisant pour remplir
l'office de Jurés.

Les sept huitièmes des crimes poursuivis en
justice sont ou des vols ou des homicides. Tous
les délits de ce genre présentent un acte physique,
un fait matériel dont le recit fait image et offre
un tableau qui entre facilement dans nos conceptions. Les hommes tenant principalement à leur
existence et à leurs biens, il n'est rien qui fixe
plus fortement leur attention que le recit d'un
homicide ou d'un vol dont ils s'appliquent machinalement les accidens par un retour nécessaire
sur eux mêmes ; de sorte qu'en supposant le
Français le peuple le plus distrait et le plus inat-
tentif, il serait dans ces matières attentif malgré
lui.

Or si déjà l'on accorde aux Français la faculté
d'être attentifs à un débat, quel est donc le dégré d'intelligence qu'on leur suppose si on ne les
Juge pas capables de le concevoir ? Les faits se
prouvent communément ou par les rapports des
témoins ou par les aveux de l'accusé; faut-il une
intelligence supérieure pour concevoir qu'un témoin atteste un fait ou que l'accusé le confesse?

Il

il est vrai qu'assez communément les preuves
n'ont pas cette clarté que produisant l'aveu de
l'accusé ou la déclaration de deux témoins con-
cordans ; souvent elles se composent d'une réunion d'indices qui ont besoin d'être rapprochés
et comparés. Mais cette opération n'est pas encore au-dessus de l'intelligence la plus commune.
Je ne parle point ici des crimes de conspiration ,
de banqueroute , de concussion , etc. ; ce genre
d'accusations donne lieu à des discussions capables de lasser l'attention peu exercée du commun
des hommes : je parle des délits les plus ordinaires qui offrent un objet matériel qui se place
de lui-même dans la mémoire avec ses circonstances matérielles comme lui. Il suffit que le jugement de ces crimes p   laires soit à la portée de la masse du peu   . j'indiquerai comment
on doit juger les autres sans choquer l'institution
ni compromettre la société ou l'innocence.

S'il était possible de présenter un aperçu des
indices qui communément, à défaut de preuves
directes , opèrent la conviction , on se convain-
crait qu'aucun n'est au-dessus de la portée de l'intelligence commune. Un vol a été commis , personne ne l'a vu commettre , mais l'effet volé s'est
trouvé chez l'accusé : il ne faut pas être légiste
pour sentir que cet indice seul ne suffit pas , parce
que l'accusé peut l'avoir acheté de bonne foi du
voleur. Cette réflexion se présente si aisément
qu'il n'est point d'accusé dans ce cas quelqu'im-
bécille qu'il soit qui n'allègue ce moyen. Mais si
l'accusé a tombé dans des variations sur le lieu ,
le temps , le prix de l'achat ; si l'effet s'est trouvé
caché chez lui, quoiqu'il fût de nature à être en
évidence ; s'il a méconnu avoir l'effet avant qu'il
fut trouvé ; s'il a balbutié, changé de visage , etc.
Qui doute que quelques-uns de ces indices

G

réunis ne démontrent que l'accusé est le voleur, et quel est l'homme incapable d'apprécier ces indices? On peut professer que toutes les opérations de ce sens moral qui nous rend capables d'apprécier la conduite d'autrui par un retour secret sur nous-mêmes sont indépendantes de la science et de l'éducation et que le paysan le plus grossier a les mêmes facultés à cet égard qu'un docteur.

Je vais citer un autre exemple.

Un homme a été vu entrant le soir dans une maison habitée par trois frères ; son cadavre est trouvé le lendemain à peu de distance de cette maison. Il est constant par des procès-verbaux qu'il a été tué par un coup d'arme à feu. Or on a entendu dans la maison des trois frères un coup de fusil pendant la nuit; on fait perquisition dans la maison; on n'y trouve point d'habits ensanglantés ; mais on en trouve de fraîchement lavés ; des traces de sang se remarquent depuis le domicile jusqu'au lieu où est placé le cadavre. On interroge les trois frères séparément sur le coup de feu entendu. L'un dit, des voleurs sont venus assaillir la maison, j'ai tiré dessus. L'autre dit, le fusil a tombé du croc où il était placé et il a parti dans sa chûte. Le troisième dit, un chien a mis sa patte dans la sous-garde et a fait partir le coup.

Quel est l'homme assez borné pour ne pas apprécier cette réunion d'indices et ne pas être convaincu dabord que le malheureux dont il s'agit a été tué par les trois frères? Cependant le débat souvre ; les moyens de défense se produisent ; voyons s'ils sont plus difficiles à apprécier.

Le Président.

Il est prouvé que l'homme dont il s'agit à entré chez vous la veille au soir.

Les Accusés.

Il y a entré, mais il a resorti.

Le Président.

D'où procèdent vos contradictions sur la cause du coup de fusil entendu dans votre maison ?

Les Accusés.

Celui qui vous a dit qu'il a tiré sur des voleurs a seul dit vrai; nous n'avons pas osé l'avouer d'abord tous les trois ; deux de nous ont craint qu'il ne fût pas permis de faire feu sur des hommes, même présumés voleurs.

Le Président.

Pourquoi a-t-on trouvé des habits fraîchement lavés chez vous ?

Un des Accusés.

La veille j'étais ivre, je tombai, il a fallu laver.

Le Président.

D'où procède la trace de sang qui conduit de votre maison jusqu'au cadavre ?

Le Président.

L'homme mort est sans doute un des voleurs qui a été frappé du coup de fusil, il a laissé ces traces de sang en se retirant.

Je n'ai pas à examiner si dans ce cas les accusés sont convaincus; mon but est de prouver que parmi les indices produits contre eux et les moyens de défenses qu'ils administrent, il n'y en a aucun qui, pris isolément, ne puisse être facilement apprécié par l'homme le plus grossier ; que le secours du génie serait parfaitement inutile ainsi que celui de la science, et qu'enfin l'ame du grand Newton, s'il était parmi les Jurés, ne serait affectée de ces divers moyens que comme celle d'un paysan.

Telles sont cependant en général les affaires du ressort des Jurés ordinaires; je présente même ici une des plus délicates. Les indices peuvent être plus multipliés et fondés sur des circonstances plus variées ; mais il n'y en a pas de plus

abstraits. Ce sont en général des faits et des pro-
pos qui frappent les sens et qui, pour être saisis
dans toute leur étendue et sous leurs vrais rapports, n'exigent ni art, ni méthode, ni talens,
ni méditations profondes,

Il ne suffit pas, dira-t-on, pour bien juger, de
concevoir et d'apprécier chaque indice séparément et à mesure qu'il se développe ; il faut savoir les rapprocher, les comparer et en former
un corps de preuve capable d'opérer la conviction ; or pour faire cette opération il faut de la
méthode et un certain art de penser. Il faut avoir
un tact exercé pour saisir les variations de la phi-
sionomie, de l'accent, du maintien de l'accusé
et du témoin ; il faut enfin une âme forte et un
esprit capable de résister aux mouvemens oratoires et aux sophismes des défenseurs de l'accusé.
Ces qualités n'existent pas dans l'ouvrier, dans
le simple paysan,

Je n'ai pas dit que le Jury doive être composé
des hommes les plus grossiers ; mais comme il
n'entre pas dans mon plan qu'on s'écarte loin de
cette classe d'hommes pour la formation des listes
ordinaires, j'examinerai ces objections comme
si elles avaient une application absolue.

Je dis d'abord qu'il ne faut point de méthode
pour bien apprécier un débat ; j'ajoute qu'elle est
quelquefois dangereuse. La conviction est le sentiment profond de la certitude d'un fait, sentiment qui maîtrise la conscience du Juré quand son
esprit est saturé de l'évidence des preuves.

« Cette conviction, a dit le citoyen Tronchet,
dans un discours prononcé à l'assemblée constituante, « s'opère par deux moyens. L'un est in-
» trinsèque à la déclaration même du témoin
» et aux contredits qu'elle a pu éprouver et
» appartient à la rectitude de l'esprit, l'autre est ex-
» trinsèque, et appartient à la sensibilité de l'âme

» et à la pureté du cœur. Elle est de sentiment
» plus que de réflexion. »

« Le premier moyen qui appartient à la rectitude
» du jugement consiste dans l'attention scrupu-
» leuse que le Juge a faite à la déclaration du témoin,
» dans l'examen de la clarté de sa déposition et
» dans la combinaison de ses diverses parties, com-
» binaison qui seule peut conduire à juger la foi que
» mérite le témoin, abstraction faite des qualités qui
» peuvent le rendre reprochable, à pressentir s'il
» peut être suspecté de faux témoignage ou même de
» simple erreur; enfin dans la combinaison des faits
» qui sont opposés à la déclaration et qui en anéan-
» tissent la force. Ce que le Juge doit faire sur
» chaque déposition, il doit le faire sur toutes
» les dépositions réunies dont le parfait accord
» et la combinaison générale doit former cette
» force irrésistible à laquelle le Juge accorde sa
» conviction. Ce premier genre de conviction
» absolument inhérant et intrinsèque aux dépo-
» sitions appartient évidemment à l'opération de
» l'esprit et à la rectitude du jugement.

» Le second moyen de conviction qui est ab-
» solument extrinsèque à la déposition appar-
» tient plus au sentiment qu'au jugement ; il frap-
» pe plus les sens que l'esprit ; c'est l'attitude
» ferme et modeste d'un accusé innocent ; c'est
» cet accent de la vertu ; le mouvement simple
» et naturel qui accompagne une objection puis-
» sante qu'il fait à des témoins vendus ou préve-
» nus; c'est cet embarras qui accompagne presque
» toujours la défense d'un coupable tourmenté
» par le témoignage de sa conscience; c'est cette
» audace factice qui se décèle par ses propres ex-
» cès ; c'est l'hésitation, la fluctuation de ce té-
» moin pressé d'éclaircir un fait, d'en développer
» les circonstances. Cette seconde espèce de

G 3

» moyens est sans doute très-précieuse ; mais ce
» serait une grande erreur d'y réduire la convic-
» tion du Juge. L'innocent peut se déconcerter.
» Il est des scélérats qui savent garder le calme
» et le sang froid de l'innocence.

» Ce sont ces deux moyens réunis , employés
» par des cœurs et des esprits droits qui seuls
» peuvent former la conviction complette et né-
» cessaire au Juge qui condamne ou qui ab-
» sout. . . . . . .

» La capacité qui exige une rectitude de juge-
» ment , un jugement sain , suppose nécessaire-
» ment un usage à faire de cette rectitude de ju-
» gement. Et l'objet principal de cette application
» est évidemment l'examen et la combinaison
» de ce que M. Thouret appelle la preuve ma-
» térielle : laquelle ne peut être que la substance
» même des objections et des réponses. »

Quand on voit autant d'art et d'esprit employés
à expliquer le mécanisme de la conviction on est
porté à croire qu'il n'en faut pas moins pour se la
procurer. Si le citoyen Tronchet avait appliqué
son talent à expliquer par quelle combinaison
de notre volonté et de l'action de nos muscles
nous parvenons à mouvoir , il n'y a personne
qui se crût capable de marcher. En effet je crois
que personne ne serait capable de marcher par
principes. Qui pourrait se flatter d'employer le
dégré de volonté propre à produire la mesure de
mouvement justement nécessaire pour remuer
les muscles du corps et que l'esprit fut toujours
assez attentif pour diriger ce mouvement selon
les règles de l'équilibre? Mais heureusement nous
marchons sans savoir comment nous marchons
et sans avoir besoin de nous faire une méthode
de marcher.

Il en est presque de même de la conviction.

Souvent, il est vrai, un homme peut s'expliquer pourquoi il l'éprouve et comment elle s'est formée dans son ame ; mais il est aussi beaucoup de cas où il ne peut s'en rendre absolument raison et elle n'en est pas moins réelle. Un Juré au milieu d'un débat sent dabord sa conscience vacillante au milieu de la fluctuation des moyens de l'accusation et de la défense. L'une ou l'autre cependant finit par le fixer. La conviction arrive alors dans son ame par flots pressés et successifs et souvent la conscience est entièrement subjuguée sans que l'esprit se rappelle par quels moyens cela s'est opéré.

Quoi, dira-t-on, la conviction est donc un sentiment aveugle et machinal ! Est-ce là la garantie qu'on offre à l'innocence et à la société ? Je réponds que ce n'est point pour cela un sentiment aveugle et machinal. Elle résulte de l'impression qu'ont fait successivement sur l'esprit du Juré les moyens de l'accusation; impression qui a pénétré la conscience du Juré, qui s'y est fixée et consolidée de plus en plus, parceque l'accusé n'a point administré de moyens destructifs. Elle ne s'est ainsi formée que parceque l'esprit a parfaitement conçu les charges à mesure qu'elles ont été développées et que l'esprit du Juré s'est laissé subjuguer par la force de ces charges que rien ne lui a paru affaiblir suffisamment. Ainsi dans l'accusation d'homicide dont j'ai ci-devant offert l'exemple, le Juré conçoit successivement et apprécie toute l'importance des indices résultans, 1.º de ce que l'homme tué a été vu entrer la veille dans la maison des accusés; 2.º de ce qu'il a été tiré un coup de fusil dans cette maison durant la nuit ; 3.º de ce que les frères ont varié entre eux sur la cause de cette explosion, etc. Si l'accusé n'avait rien opposé à ces indices, il n'y a pas de doute que déjà la conviction ne fût entière. Mais il a donné sur chacun de faibles solutions qui successivement ont affaibli l'impression des charges sans la détruire. Cette impression ainsi affaiblie maintient le Juré pendant quelque temps dans un état de doute; mais il survient d'autres indices en si grand nombre, qu'enfin le Juré se dit à lui même que la fatalité ne réunit jamais contre l'innocence des indices si multipliés et qu'il laisse enfin retomber sur son cœur tout le poids des premières charges qu'il avait tenu jusqu'alors comme suspendu et abandonne enfin sa conscience au torrent de la conviction qui y entre de toutes parts.

Qu'on demande alors au Juré pourquoi il est convaincu, il ne le dira qu'imparfaitement. Déjà sa mémoire s'est déchargée d'une partie des faits; ou s'il se les rappelle encore, il ne se souvient ni des noms ni des dates; il n'a pas les expressions pour rendre ses souvenirs. Mais on en jugerait bien mal, si on croyait qu'il se détermine au hazard. Sa mission est remplie; il a été appellé pour sentir l'impression du débat. Il est tout plein des sensations qu'il a reçues, mais il n'a point été chargé de les exprimer.

M.° Tronchet prétend qu'il ne suffit pas que le Juré combine les diverses parties de la déposition d'un témoin pour s'assurer si elles se rapportent l'une à l'autre; mais qu'il doit pareillement comparer toutes les dépositions entre elles et les rapprocher des moyens de l'accusé pour appercevoir la concordance de ces dépositions entre elles et faire une juste balance des charges et des moyens de défense.

Pourquoi imposer aux Jurés le devoir effrayant qu'à peine peuvent remplir les hommes de la plus vaste mémoire et les plus fortes tetes accoutumées à l'analyse ? Sans doute il faut que ce que Mr Tronchet prescrit s'opère ; mais le mode de l'opérer n'est pas celui qu'il suppose. Le Juré n'est point obligé de déployer dans sa mémoire le tableau d'un immense débat pour juger de l'ordonnance ou de l'incohérence de ses parties ; mais quand une déposition vient en contrarier une autre, il observe ou le Président lui fait observer cette contrariété; des explications sont données; il apprécie sur ces explications la valeur de chaque déposition contraire ou différente ; et il suffit que l'impression de cette partie du débat lui reste dans le cœur.

Mais s'il est nécessaire que le Juré repasse dans sa mémoire l'immense tableau d'un long débat, peut-être au moins conviendra-t-on qu'il est indifférent que cela se fasse par ses propres moyens ou par l'œuvre d'autrui. Or le Magistrat chargé de l'accusation lui remet sous les yeux toutes les charges comparées aux moyens de défense. Le défenseur de l'accusé y met à son tour les moyens de défense comparés aux charges, et le Président finit par résumer le débat et les moyens respectifs. Les Jurés retirés dans leur chambre confèrent entre eux sur les faits; chacun y rappelle quelque circonstance du débat qui se trouve ainsi reproduit pour la quatrième fois. Certes il faut convenir qu'avec ces auxiliaires on n'a besoin ni d'une immense mémoire ni d'une méthode savante.

J'ai dit que l'esprit trop méthodique serait dangereux dans un Juré. J'appelle méthode ici l'art de raisonner sur les faits d'après des principes vrais ou factices. Or le propre de cet art de raisonner suivant des règles fixes est de subjuguer l'esprit en étouffant même quelquefois le sentiment de la vérité. Combien de sophistes arrivent par une chaîne de raisonnemens artificiels à des résultats que leur conscience désavoue, et pressés entre ce sentiment et l'évidence prétendue de leurs raisonnemens, se déterminent en quelque sorte de bonne foi par l'ascendant de ces derniers.

Plusieurs témoins déposent contre un accusé; une preuve matérielle et assez forte s'élève contre lui. Il n'y oppose que sa dénéance, cet air de sérénité, cet accent douloureux mais ferme, cette contenance modeste et résignée qui caractérisent l'innocence, dont le sentiment est le seul appui de ce malheureux. Une bonne réputation l'environne; mais les dépositions sont précises; rien n'altère suffisamment la confiance due aux témoins. Le Juré sent que cet homme n'est pas coupable: mais que fera-t-il? Il absoudra l'accusé s'il écoute sa conscience et il le condamnera s'il s'abandonne aux raisonnemens d'un esprit méthodique. Je dois, dira-t-il, ma confiance aux témoins tant qu'aucun fait ne s'élève contre eux. L'air de candeur et de loyauté qui me séduit dans l'accusé peut être feint et il ne faut pas que le crime échappe à la peine par le secours d'une pareille feinte. Je dois juger d'après les preuves; les preuves l'accablent. S'il est innocent, sa condamnation devra être imputée à la fatalité et non à moi, etc. etc.

C'est ainsi qu'à l'aide du raisonnement on parvient à se faire une conscience artificielle en étouffant la vraie; c'est ainsi que cette faculté de raisonner qu'on exige d'un Juré conduit à de fâcheux résultats. Aussi j'atteste que j'ai vu un certain nombre de décisions mauvaises rendues par le Jury, mais que toujours elles ont été l'effet de l'ascendant pris sur les Jurés par quelque raisonneur distingué que le sort avait appellé parmi eux. Je suis fâché qu'une vérité aussi bien démontrée par l'expérience ait l'air d'un paradoxe, fruit de l'esprit de système; je suis fâché du moins de n'avoir pas les talens qu'il faudrait pour bien faire concevoir cette étrange vérité : mais quelque opinion qu'on en conçoive, c'est une vérité de fait.

Je me crois en droit de conclure que le commun des hommes possède la mesure d'intelligence nécessaire pour bien remplir les fonctions de Juré. Mais il faut un certain tact pour bien apprécier les variations de la physionomie et juger de la contenance tant de l'accusé que du témoin. Je sais qu'il faut un certain tact pour bien sentir l'impression de ces accidens : mais je le trouve dans un dégré plus éminent chez le commun des hommes que chez les hommes des classes supérieures. Q'on ne se révolte pas contre ma proposition : je sais qu'elle a besoin d'être expliquée. Sans doute un homme de la bonne société saisira mieux ces nuances dans les hommes de sa classe qu'un ouvrier ou un paysan ; mais comme en général ce sont des paysans ou des ouvriers qui figurent aux sièges des accusés et des témoins ; comme les hommes s'entendent d'autant mieux qu'il y a plus de rapports entre leur éducation et leurs habitudes, il s'ensuit que ce sont les citoyens de la classe commune qui possédent mieux la faculté exigée. Supposons que l'accusé et les témoins soient des paysans et que le Jury soit composé d'hommes de la bonne compagnie ; qui ne conçoit que parlant une langue toute différente, ayant un ton, des gestes, un accent tout différens ils ne s'entendront pas ? N'avez vous jamais pris pour des insultes les apostrophes très-amicales d'un crocheteur ou d'un cocher de fiacre ; n'avez vous point pris pour ivresse le grossier enjouement de quelques paysans ? Il n'y a personne qui n'ait tombé dans ces méprises et qui ne conçoive par conséquent que dans chaque condition

il est un idiôme, un accent qui ne sont pas entendus dans l'autre. Transportez un paysan au
milieu de vos cercles, croyez-vous qu'il entendra
le sens de vos railleries, de vos fines équivoques,
de vos applications méchantes ? Non : il ne l'entendra pas. De là il ne faut pas conclure que ce
paysan ne doit pas être Juré, puisque la majeure
partie des accusés et des témoins sont de sa classe;
il faut seulement en conclure que les personnes
d'une condition plus distinguée ont quelquefois
intérêt d'être jugés par des hommes de leur classe. Je dis quelquefois, car les témoins qui forment la preuve ne sont pas toujours de la condition de l'accusé; or j'examinerai, si sans blesser
l'égalité, il n'est pas possible de leur donner des
Juges de leur classe, quand cela est nécessaire.

On craint l'ascendant qu'un défenseur éloquent
peut avoir sur des esprits peu éclairés. C'est encore là une de ces objections qui ne séduisent
que faute d'avoir été analysées. J'observe d'abord
que le Magistrat chargé de l'accusation oppose
son éloquence à celle du défenseur et que comme
Magistrat désintéressé il inspire plus de confiance.
Le Président qui résume ensuite l'affaire réduit
les argumens et les preuves à leur véritable valeur;
et par le sang froid qui appartient à son ministère, il fait retomber l'exhaltation dangereuse
qui a pu s'emparer des esprits. Mais j'ajoute: ou
le défenseur de l'accusé cherche par des faits vrais
résultans du débat a éclairer les Jurés, ou en
dénaturant les faits, il cherche par des argumens
subtils à embarrasser leur esprit, ou par des mouvemens oratoires, il cherche à jetter le trouble
dans leur conscience et à les attendrir sur le sort
de l'accusé.

Dans le premier cas le défenseur procédant
avec loyauté, l'ascendant qu'il acquiert sur l'esprit

des Jurés favorise la justice, on ne doit pas en redouter l'effet. Dans le second cas où par des raisonnemens embarrassés il tâche de jetter la confusion dans les conceptions des Jurés, il n'est à craindre qu'autant qu'il parlerait devant des hommes qui auraient la prétention de le suivre dans ses sophismes ; mais un modeste paysan ces-se de l'écouter dès qu'il ~~sent~~ s'empêtre l'obscurité ~~impénétrable~~ *inévitable* d'un faux raisonnement, il ne l'en-tend plus ; il s'en tient à l'impression du débat ; dans le troisième cas, il en est de même encore ; le paysan ne le suit plus dès qu'il veut donner à la cause un intérêt emprunté et une forme étran-gère à ce qui résulte du débat. Il revient à sa conscience et laisse modestement les connaisseurs admirer les talens de l'Avocat. Telles sont en gé-néral les observations sur lesquelles une expé-rience de plusieurs années ne m'a laissé aucun doute. Je suis tellement pénétré de leur vérité que je n'ai pas conçu comment un auteur couronné par l'institut a pu proposer de refuser la parole aux défenseurs après le débat. J'ai souvent en-tendu des défenseurs et des médecins se vanter d'avoir sauvé tel accusé et tel malade ; mais je n'ai jamais eu lieu de penser que les talens des défenseurs ayent sauvé un coupable.

Pourquoi donc, dira-t-on , l'institution des Jurés répond-elle si peu à son but ? Mille cou-pables échappent à la peine ; la société est sans garantie ; les crimes se multiplient de plus en plus.

Je nie que les crimes se multiplient ; ils dévien-nent au contraire plus rares ; ce qui le prouve, c'est que la commission se plaint de l'heureuse oisiveté de beaucoup de Tribunaux criminels. Mais faut-il au surplus imputer à l'institution des effets qui lui sont étrangers. Cherchez la cause des crimes nombreux qui ont désolé la France dans les fureurs de parti qui ont légitimé le brigandage ; dans la démoralisation de beaucoup d'hommes qui reconnaissaient autrefois le frein de la religion et auxquels on a appris à le briser ; dans le renversement subit des fortunes qui en a mis beaucoup d'autres dans le cas de recourir à des moyens criminels pour se procurer une existence que leurs bras inhabitués au travail ne peuvent leur assurer ; dans l'état de vagabondage où la désertion conduit certains soldats fatigués du métier des armes. Telles sont les vraies causes de la multiplicité des crimes.

J'avouerai qu'il échappe quelquefois des coupables aux Tribunaux. Mais oserait-on entreprendre d'en créer auxquels il n'en échappât point ? Un pareil Tribunal serait plus redoutable que les brigands eux-mêmes, parce qu'il ne pourrait arriver à son but qu'en frappant indistinctement le crime et l'innocence qui ont souvent les mêmes couleurs. Je ne ferai pas l'injure aux anciens Tribunaux de croire qu'il ne leur en échappât point. C'est cependant l'opinion d'aujourd'hui : mais d'où procède cette opinion ? Le voici. Les Tribunaux anciens opéraient dans le secret, loin des regards du public qui n'était instruit que de leurs jugemens, jamais des charges sur lesquelles ils étaient fondés. Le peuple voyait-il acquitter un accusé ? Il le réputait innocent ou supposait du moins qu'il n'y avait aucune charge contre lui. En voyait-il condamner un autre ? Il ne doutait point qu'il n'y eût des preuves décisives. L'instruction d'ailleurs était longue. L'impression que le crime avait causée avait eu le temps de s'affaiblir et souvent après plusieurs années de détention un accusé était élargi sans qu'on s'en occupât et sans causer de sensation. Dans le cas où l'espèce des charges jettait le Tribunal dans l'indécision, au lieu de se déter-

miner comme les Jurés en faveur de la liberté, le
Tribunal prononçait un plus ample informé qui
prolongeait la détention au point que l'accusé pé-
rissait dans les prisons ou n'en sortait que quand
le public avait oublié le crime et le procès.

Aujourd'hui l'éclat causé dans le public par un
crime fameux attire dans l'auditoire un concours
nombreux devant lequel est ouvert le cahier des
charges. Le peuple entend tous les détails du débat. Dans sa prévention il juge l'accusé coupable
sur les plus faibles indices. Rempli d'une juste
horreur pour un crime dont les traces sont ré-
centes, il l'étend sur l'accusé qu'il en répute coupable ; le sentiment du devoir qui heureusement
contient le Juré ne reprime point la légèreté d'un
public qui est avide de scènes, de spectacles, et
qui dans ses jugemens n'est assujetti à aucune responsabilité morale. Cependant l'accusé est absous
faute de preuves suffisantes et ce même public dont
les individus, s'ils eussent été placés dans le banc
des Jurés, l'auraient absous comme eux, pousse
les hauts cris sur ce qu'il appelle une coupable indulgence. Telle est, je n'en puis douter, le principe de la diffamation qui s'est répandue sur l'institution des Jurés.

Ce n'est donc point aux vices de l'institution
qu'il faut attribuer ce cri populaire qui s'est éle-
vé contre la procédure par Jurés. Tout Tribunal
qui jugera sur une instruction publique sera toujours taxé d'une coupable indulgence s'il ne se
sent coupable d'une sévérité injuste, et l'expérience a prouvé que les Tribunaux spéciaux qui
n'ont voulu être que justes n'ont point été à l'a-
bri de cette censure populaire alimentée sourde-
ment par l'esprit de parti qui condamne tout ce
qui porte le sceau d'une révolution dont il ne
faudrait haïr que les excès.

Mais quel que soit le principe de cette opinion accréditée de l'indulgence des Jurés, n'est-elle pas funeste à la tranquilité publique, en donnant aux coupables l'espoir d'une facile impunité. Je réponds de deux manières. 1.º Si cette opinion provient de la publiité de l'instruction, c'est un mal sans remède ; car je ne pense pas que personne, même parmi les partisans outrés du vieux régime, professe qu'il faille rétablir ces formes ténébreuses de l'ancienne procédure criminelle et cet épouvantable secret qui, laissant l'arbitraire sans aucun frein, mettait la vie et l'honneur des Français à la disposition du caprice, de la haine et de la vengeance des Juges. 2.º Il n'est pas vrai que l'on soit persuadé que le crime échappe facilement à la peine. Il faut distinguer l'opinion publique de celle de quelques déclamateurs qui s'en disent les *Tâches*. On pense et on pense avec raison que le coupable échappe quelquefois, mais que cette impunité est rare et que le plus souvent il est atteint.

Or telle est l'opinion que le public doit avoir de l'efficacité de la procédure criminelle. L'opinion qu'il échappe quelquefois des coupables atteste les précautions que la justice prend pour ne pas compromettre l'innocence. Elle rassure celle-ci et ne fait point des Tribunaux un épouvantail aussi affreux pour l'homme de bien que pour le scélérat ; et cette opinion suffit pour contenir l'homme qui a des inclinations perverses. Croit-on en effet que celui qui médite un crime se détermine à le commettre par l'opinion qu'il a de l'indulgence des Tribunaux ? Non. Il suffit qu'il sache que tel délit est puni d'une peine grave ; que cette peine frappe laplupart de ceux qui le commettent et que le petit nombre de ceux qui s'y soustraient le doivent

à

à un concours de circonstances que le hazard seul rassemble et dont personne n'est maître de disposer.

Sur quoi donc se rassure le coupable ? 1.º Sur les précautions infinies qu'il prend pour cacher son crime, précautions qui attestent qu'il ne croit point à l'impunité du crime bien prouvé. 2.º Sur les moyens qu'il employe pour échapper à la police quand son crime est découvert ; ce qu'il fait en fuyant sa maison, sa famille, en renonçant à ses biens plutôt que de s'exposer à des chances que l'on répute si favorables au crime et dont il n'a pas la même idée. 3.º Enfin sur l'espoir de se soustraire aux peines temporaires qu'il pourrait encourir s'il est condamné : espoir que lui donnent les fréquentes évasions des prisons et des bagnes. Je pense que si on avait cherché avec sincérité la cause des crimes qui furent il y a quelque temps si multipliés, on n'aurait pas compté pour peu l'incompréhensible mesure du Directoire qui fit évacuer tous les bagnes, composa une armée de brigands qu'on a vus rentrer dans la société et l'affliger autant par le scandale de leur impunité que par leurs forfaits nouveaux.

Je crois avoir suffisamment combattu l'opinion de ceux qui pensent devoir imputer aux changemens opérés parmi nous dans la procédure criminelle la plus grande partie des crimes qui ont affligé la France pendant quelques années. Je n'ai pas prétendu au surplus que l'institution des Jurés telle qu'elle est organisée ne présente des défauts qu'il est bon de réformer. Je suis loin de penser cependant que tout est perdu quand un coupable obtient l'impunité ; je sais au contraire que cet homme qui a été long-temps dans les angoisses de la plus affreuse incertitude est souvent corrigé par cette épreuve. Mais je conviendrai

H

que son impunité altère toujours le salutaire effroi que doit inspirer la loi pénale. C'est un motif
pour ne rien négliger de ce qui peut élever l'institution au degré de perfection dont elle est susceptible.

CHAPITRE XII.

De la composition des listes de Jurés et de la formation du tableau.

La formation des listes est le point le plus important de l'institution. Si le mode de cette formation est vicieux, le but de l'institution est man-
qué. Ce but est de diviser le terrible pouvoir de
prononcer sur l'honneur et la vie des citoyens,
afin que personne n'ait la facilité d'en abuser;
c'est d'empêcher que la sûreté des Français ne
soit compromise par les vices d'un Tribunal permanent infatué de son dangereux pouvoir, in-
fecté de l'esprit de système et endurci par ses propres rigueurs; c'est enfin que les citoyens ne puissent être réputés coupables que quand ils sont
déclarés tels par des consciences neuves, faciles
à émouvoir, par les consciences de leurs égaux.

Si tel est en effet le but de l'institution, il est
évident que ce serait s'en éloigner que de concentrer la fonction de Juré dans certaine classe
déterminée par la naissance ou la richesse. On
ne doit donc écarter des fonctions de Juré que
les hommes placés dans une telle position que le
besoin puisse faire chanceler leur vertu, absor-
ber les facultés de leurs âmes ou les priver du
développement qu'y donne une éducation commune.

La commission ne juge convenable d'y appeler
que les hommes qui payent cent francs de con-
tribution. C'est je pense écarter plus d'un ving-

tième des citoyens. Combien de communes pau-
vres n'auront pas le droit de fournir un Juré ?
combien d'hommes probes et intelligens sont
écartés par cette disposition ? Elle sera rigou-
reuse, sans être bien efficace. Depuis que les Juges de paix sont chargés de former les listes, ils
n'y portent que des citoyens aisés. On pourrait
même leur reprocher de prendre plus qu'il ne
faut cette qualité en considération; toutefois l'institution n'a pas plus prospéré qu'auparavant. La
richesse n'est pas toujours unie à la sagesse et à
la vertu. Tel homme dans un village n'a que le
nécessaire absolu qui, par son intelligence, l'élévation naturelle de son âme et la pratique des
vertus domestiques, est bien au dessus de certain
richard qui n'a d'autre mérite que la franchise
avec laquelle il montre la dureté de son cœur et
son orgueil grossier. Je pense qu'en général un
Juré doit être au-dessus du besoin, mais je ne
puis approuver l'exclusion absolue du mérite in-
digent.

Ce qui me paraît plus opposé encore au but de
l'institution c'est le pouvoir donné au Préfet de
former la liste de 48 Jurés choisis arbitrairement
sur le nombre des plus hauts imposés. Il est impossible de voir en cela autre chose qu'une commission. C'est ainsi qu'on a jugé des listes spéciales qui jusqu'en l'an huit étaient composées
par le Président de l'administration départementale. Que dis-je ? Ces listes spéciales étaient moins
dangereuses; elles n'étaient, il est vrai, composées
que de trente noms; mais l'accusé pouvait récuser une première liste entière comme faite en
haine de lui. Sur la seconde qui lui était présen-
tée, il pouvait encore récuser vingt citoyens, ce
qui obligeait d'en prendre cinq sur la liste ordinaire, en sorte que les récusations de l'accusé

pouvaient s'exercer sur soixante-cinq citoyens.
Dans le projet proposé la liste est de 48, mais le
commissaire du Gouvernement peut en récuser
quatorze; les récusations de l'accusé ne peuvent
donc s'exercer que sur trente-quatre.

On doit se rappeller quel cri général s'éleva
contre ces commissions spéciales après le 18 brumaire. Pourquoi se flatter que ce qui fut alors
improuvé avec tant d'énergie sera accueilli aujourd'hui comme une loi bienfaisante ? serait-ce
parce que les Préfets jouissent de plus de confiance que les Présidens des administrations d'a-
lors ? Ce serait un motif peu digne de la sagesse
du législateur. Celui qui fait des lois pour la pos-
térité doit se garder de leur donner pour garantie la moralité de ceux qui gouvernent ou administrent de son temps. Il doit savoir qu'après le
Gouvernement le plus généreux il peut exister
un Gouvernement oppresseur. Il faut que la loi
suppose toujours ce cas. Ce n'est pas quand le
Gouvernement est juste qu'un peuple a le plus
besoin de bonnes lois; on pourrait presque s'en
passer alors. Mais supposez un Gouvernement
ombrageux, tyrannique, sanguinaire, avec quelle facilité ne fera-t-il pas tomber les têtes, si la
formation des listes aussi bornées appartient à
ses agens corrompus et vicieux comme lui ? Il
vaut beaucoup mieux ne nous pas donner l'institution des Jurés que de nous la donner triste-
ment mutilée. Il n'y a personne qui ne préfère
être jugé par cinq ou six Magistrats permanens
dont l'inamovibilité sera au moins une faible garantie contre l'influence d'un Gouvernement qui
peut être oppresseur. Ce n'est pas d'être jugés par
des Jurés qu'il nous importe; le Tribunal révo-
lutionnaire avait les siens; c'est d'être jugés par
des Jurés indépendans, indiqués par le sort et
exempts du soupçon de suggestion.

Par suite du système qui exclut de ces fonctions
les hommes peu fortunés, la commission propose
de récompenser par le don d'une médaille les
Jurés qui auront assisté deux fois au Jury de
jugement. Or cette médaille deviendra si commune qu'avant trois ans elle n'aura plus d'autre
prix que celui de sa valeur métallique qui sure-
ment sera très-bornée. Les fonctions de Juré seront donc gratuites. Il résultera de là que le Préfet sera obligé de composer la liste, non seulement
de gens aisés, mais encore des plus riches du
Département, afin qu'ils puissent supporter sans
se ruiner un séjour de quinze ou vingt jours dans
les auberges. Il n'y a pas, dira-t-on, un grand inconvénient à cela; il est même bon que le motif
d'épargner de la dépense aux personnes peu for-
tunées puisse être mis en avant pour leur déguiser l'espèce d'exclusion qu'on leur donne; mais,
sans examiner si cela est bien loyal, j'observe que
si d'une part les dispositions du projet appellent
exclusivement les personnes très-riches aux fonctions de Juré de jugement, d'autre part elles les
en excluent absolument. Je vais le prouver.

Si le Jury d'accusation est conservé, il sera
composé, suivant le projet, de quinze Jurés pris
sur la liste des deux cents plus imposés de chaque
arrondissement et il se tiendra tous les mois. Sur
ces deux cents haut imposés il faut au moins en
exclure cinquante pour incapacité ou pour infir-
mité. Cependant il en faut 180 par an à raison de
quinze par mois. Il résulte de là que tous les hommes riches capables de remplir ces fonctions y seront
nécessairement appellés dans le cours de l'année.
Or par l'article 907 les Jurés qui ont été inscrits
sur la liste du Jury d'accusation ne peuvent être
portés dans l'année sur celle de jugement. Il en
résulte que les deux cents plus imposés de chaque

II·3

arrondissement sont écartés des fonctions de Juré de jugement. Donc dans un Département composé de cinq arrondissemens les mille plus imposés sont exclus de ces fonctions.

Cette exclusion inapperçue et cependant réelle qui résulte des dispositions du projet contre les hommes riches, rappelle, si elle est maintenue les citoyens peu fortunés aux fonctions de Jury de jugement, et elle les appelle exclusivement; ce sera le cas de qualifier ce Jury, le seul important, comme on le qualifie en Angleterre, *le petit Jury*. Mais les personnes qui composeront ce petit Jury n'auront pas le moyen de faire des frais de voyage et de séjourner quinze ou vingt jours auprès du Tribunal pendant les longues sessions du Préteur. Ils regretteront le temps passé ainsi gratuitement loin de leurs affaires; l'ennui, le mécontentement, l'impatience viendront troubler la sérénité de leur ame et leurs décisions s'en ressentiront. Il est vrai que beaucoup se feront excuser à l'aide de certificats de complaisance : et ceux-mêmes qui viendront, le Tribunal sera obligé de les licencier successivement; les uns et les autres seront remplacés par des habitans de la ville où siège le Tribunal.

Or il n'est point de plus mauvais Jurés que ceux-là. Je desire qu'il soit un moyen de ne les appeller jamais en remplacement : quand le Tribunal criminel siège dans une petite ville il sert de spectacle aux citoyens: ils y sont fort assidus. Tous sont familiarisés avec ses formes, ses maximes ; ils connaisent les lois pénales et le résultat que doit avoir telle question. Ils sont si souvent appellés en remplacement qu'ils sont blasés sur ces fonctions. Elles ne leur inspirent plus ce respect, cet intérêt qui met en action toutes les facultés d'un Juré nouveau. Le Juré de la ville est à peu près ce que serait un Juge criminel permanent ; il a ses maximes, ses systèmes, ses préventions; il a ses coteries dont il craint les reproches s'il ne juge pas comme elles ; il est enfin ce que l'institution du Jury a pour but essentiel d'éviter. Bientôt son insouciance, son esprit de familiarité avec ses fonctions gagnent les autres Jurés et tout un Jury se trouve corrompu par la présence de deux ou trois Jurés de la ville. Je suis loin de proposer leur exclusion absolue; mais on ne peut prendre trop de précautions pour n'avoir que très-rarement besoin de ces remplaçans bannaux qui remplissent des fonctions aussi graves avec ennui, indifférence et dérision.

Le projet ordonne la signification de la liste des Jurés à l'accusé la veille de son jugement et frappe de nullité toute signification faite plutôt ou plus tard. Cette disposition a pour but de donner à l'accusé le temps de réfléchir sur les récusations qu'il doit proposer et de lui en refuser un suffisant pour travailler les Jurés. Mais 1.° le temps de 24 heures ne suffit pas pour connaître la moralité de 48 Jurés dont on n'a jamais entendu parler et qui sont disséminés sur la surface d'un vaste Département. 2.° La précaution que cette disposition présente contre les moyens de séduction n'est efficace qu'à l'égard de l'accusé qui paraît le premier au débat. Celui qui y paraîtra le deuxième, le troisième jour et jusqu'à la fin de la session n'aura pas besoin de la signification qu'on lui fera pour connaître les Jurés ; dès qu'on aura fait le premier appel, la liste sera publique, et depuis ce premier appel jusqu'au jugement de chaque accusé, ses partisans auront le temps d'obséder les Jurés.

Au reste j'ai déjà dit que je ne puis approuver

H 4

l'idée d'une liste de 48 Jurés formée par le Préfet pour chaque session. Il s'en suit que je désapprouve toutes les dispositions dépendantes de cette idée. Je pense qu'il doit être fait une liste beaucoup plus étendue et telle qu'elle soit censée comprendre tout ce qu'il y a d'hommes capables dans le Département. Cette liste ne sera pas faite seulement pour une session, pas même seulement pour une année; elle sera imprimée et communiquée à l'accusé avant la formation du tableau. Il aura le droit concurremment avec les autres accusés de la même session de récuser un nombre aliquot des noms portés sur cette liste. On peut sans nul inconvénient élever ce nombre au tiers, à la moitié même, de manière que chaque accusé; en quelque nombre qu'on les suppose, aura une latitude plus que suffisante pour récuser ses ennemis et tous autres qui lui seraient suspects. Ces récusations exercées, le Tribunal formera sur le reste, après les récusations du Commissaire, le tableau par la voie du sort; il le formera en secret, et les Jurés seront appellés suivant l'usage pratiqué.

Aucune signification du tableau ne sera faite aux accusés; il leur suffit d'avoir exercé leurs récusations sur la liste générale et de savoir qu'ils seront jugés par d'honnêtes citoyens. N'en déplaise aux Anglais, c'est une dérision que de prétendre qu'un accusé a besoin de voir la physionomie du Juré pour le récuser, comme si tout le monde ne savait pas qu'il n'y a point d'indice plus faux que la physionomie. Est-il convenable d'ailleurs d'exposer un citoyen honnête aux huées d'une maligne populace excitée par les sarcasmes et les apostrophes d'un accusé impudent qui n'a rien à risquer?

Aucune récusation ne pouvant avoir lieu à

l'ouverture du débat, il ne sera pas nécessaire d'appeller 48 Jurés. Mais je desire qu'il en soit appellé trente. Voici pourquoi. Malgré la précaution de former le tableau en secret, le nom des Jurés peut transpirer et les partisans de l'accusé s'agiter au-tour d'eux ayant la session et continuer encore à les obséder dans les intervalles d'une séance à une autre. Mais s'il y a trente Jurés appellés et que douze seulement soient désignés par le sort à l'ouverture de chaque séance, il faudra que les amis de l'accusé renoncent à l'espoir de corrompre ceux qui doivent le juger, parce qu'ils ne les connaîtront qu'à l'ouverture du débat. S'il faut cinq voix sur douze pour acquitter, il faudrait pour mettre les chances du côté de l'accusé acheter au moins douze Jurés sur les trente ; pour en corrompre douze il faut des tentatives au moins envers vingt-quatre. De pareilles tentatives font éclat. Les Jurés sont obligés sur leur honneur de l: dénoncer et dans ce cas le Tribunal délibère et décide s'il n'y a pas lieu de renvoyer l'affaire à une autre session.

Quoique l'appel des Adjoints soit rarement pratiqué on ne peut méconnaître qu'ils offrent une garantie de plus pour l'innocence ; il n'y a aucune raison de les supprimer. Si le tableau des Jurés est composé de trente, comme je le propose, on peut sans augmentation de frais en tirer trois au sort pour remplir ces fonctions. On en désignera de la même manière deux autres qui seront présens à tout le débat dans les affaires de longue durée, pour remplacer ceux des Jurés ou des Adjoints, qui pour quelque incommodité survenue, seraient forcés de se retirer.

Si les trente Jurés appellés sont présens, ils resteront pendant tout le cours de la session ; mais s'il n'en manque que six, le nombre des présens étant encore de vingt-quatre il n'y aura point lieu à remplacement. S'il en manque davantage le nombre de 24 sera completté par des habitans de la ville.

Ainsi à l'ouverture de la session l'appel des Jurés est fait par le Greffier ; s'il s'en trouve moins de 24, ce nombre est completté par des citoyens de la ville tirés au sort. Ce nombre de 24 étant complet on tire au sort pour la première affaire les noms de douze Jurés et de trois Adjoints, et on réitere la même opération à l'instant même ou chacune des autres affaires va commencer.

Maintenant j'examinerai comment les listes doivent être formées.

Le but qu'on doit se proposer est qu'elles soient composées d'hommes probes, capables d'attention et doués de la mesure de discernement suffisante pour apprécier les faits qui leur sont soumis. Je crois avoir prouvé que le commun des hommes a les facultés nécessaires pour bien juger les affaires communes. Mais j'ai reconnu qu'il est des procès compliqués qui exigent un dégré de discernement et d'attention dont la multitude n'est pas capable. De là résulte la nécessité, ou de soumettre toutes les affaires à une liste unique composée d'hommes instruits et d'un esprit exercé, ou de former deux espèces de listes.

Le premier moyen serait conforme au sentiment d'une classe de Français qui ne pensent pas qu'on puisse tenir assez loin des affaires ce qu'ils appellent *la populace*; mais il ne peut entrer dans les vues d'un Gouvernement paternel qui, à la vérité, veut anéantir tous les partis, mais qui ne veut en écraser aucun, et qui pense, avec Montesquieu, qu'il est juste de laisser faire au peuple tout ce qu'il peut bien faire. Il doit donc y avoir deux espèces de listes, et je vais m'attacher à les bien composer.

On s'était proposé de déclarer Jurés de droit et perpétuels les six cents plus hauts imposés de chaque Département. J'observe encore que cette idée serait bonne si les hommes ne s'étaient mis en société que pour conserver leurs propriétés; mais l'association a aussi pour but la conservation de la vie, de la liberté, de l'honneur; et on ne voit pas pourquoi le droit de propriété donnerait à ceux qui ont de grands biens le droit de vie et de mort sur ceux qui en ont moins.

Je conçois que cette observation paraîtra plutôt appartenir à une abstraite théorie qu'à un système pratique; mais ce qui n'est pas de pure théorie, c'est que si la richesse fait supposer plus d'élévation d'âme et une intelligence mieux développée, il y a malheureusement de nombreuses exceptions. On peut se persuader que sur les six cents plus imposés, il y en a deux cents au moins qui sont ou très-bornés, ou très-vicieux ou valétudinaires.

Or on ne doit point commettre la liberté, la vie de hommes aux caprices du hazard. La liste doit être composée d'hommes choisis; non pas choisis pour telle ou telle affaire, non pas même pour telle ou telle session; ce serait une commission; le sort des accusés dépendrait de l'arbitraire de celui qui ferait le choix; mais, ils doivent être choisis d'avance et en grand nombre pour former une masse d'où l'on puisse extraire au besoin par le sort les Jurés de telle affaire ou de telle session; ce moyen fait disparaître le danger de l'arbitraire et corrige en même temps le vice de l'aveugle sort.

Je la trouve faite cette liste d'hommes choisis, du moins la liste des Jurés ordinaires, dans les Maires et Adjoints des communes. Ces hommes

en général sont les plus probes, les plus intelligens et les plus riches de leurs communes. On ne
peut concevoir par quelle subtilité de droit on
les en a écartés jusqu'à ce jour. A la vérité ils
font quelquefois les fonctions d'officiers de police,
mais cela ne doit les exclure que des affaires où
ils ont agi en cette qualité. Leur présence est nécessaire dans leur commune ; mais il suffit de ne
pas déplacer le Maire et l'Adjoint à lafois. La fonction de Juré est onéreuse pour l'homme qui, déjà
remplit une fonction gratuite; mais elle est honorable, et la liste sera si nombreuse que chacun ne
sera pas appellé plus d'une fois en deux ans. Les
Maires et les Adjoints sont des hommes qui ont
la confiance du Gouvernement sans en être ser-
vilement dépendans, parcequ'ils occupent des fonctions gratuites qu'ils ne craignent pas de perdre.
Ils sont à sa nomination ou à celle de ses agens;
mais ils sont si nombreux que quelque corrompu
que puot être le Gouvernement, on ne peut supposer qu'il tente d'en faire autant d'instrumens de
tyrannie.

Mais veut-ton composer une liste plus parfaitement indépendante et mieux choisie encore ?
Il faut commencer par déterminer les élémens
dont elle peut être composée, et faire ensuite
concourir toutes les autorités civiles à la former.

Si le commun des hommes a les facultés suffisantes pour bien juger les affaires communes, il
s'ensuit qu'aucun citoyen de la classe commune
ne doit être exclu de droit de la fonction de Juré.
Je réduis la classe commune aux hommes âgés
de trente ans qui ayant reçu un commencement
d'éducation savent lire et écrire , qui n'ont été
flétris par aucune condamnation et qui ont un
revenu présumé de la valeur d'une journée de
travail par jour.

Ces élemens déterminés, il convient que les autorités locales soient les indicateurs du mérite ignoré. Ainsi que chaque Maire indique trois citoyens de sa commune , y compris le Maire lui-même ; ces indications formeront une liste de canton qui sera soumise au Juge de paix. Celui-ci pourra supprimer indistinctement le tiers des noms portés sur la liste, à charge d'y en remettre un pareil nombre. La réunion des listes de canton formera la liste d'arrondissement. Sur celle-ci le Tribunal d'arrondissement pourra supprimer aussi indistinctement un tiers des noms et y suppléer un pareil nombre. Le Sous-Préfet fera ensuite la même opération , sans pouvoir changer les indications faites par le Tribunal. La réunion des listes d'arrondissement formera la liste départementale sur laquelle le Tribunal criminel et le Préfet exerceront le même pouvoir que les Tribunaux d'arrondissement et les Sous-Préfets ont exercé sur les listes d'arrondissement. Le Préfet ne pourra retirer aucuns des noms inscrits sur la liste par le Tribunal criminel. On peut donner aux Préfets et aux Tribunaux criminels le droit d'inscrire sur les listes un nombre de noms déterminé, sans être bornés par aucune condition.

Par ces épurations graduelles de nominations primitivement circonscrites dans des bornes raisonnables, il semble que les listes doivent être composées de ce qu'il y a de bon et d'honnête dans chaque département. Mais s'il fallait comme aujourd'hui changer tous les trois mois une liste si nombreuse, on ne trouverait pas assez de noms à y inscrire , et ce serait un travail fatiguant pour les autorités. Je propose donc que cette liste soit permanente et qu'elle ne subisse de réforme que de trois ans en trois ans.

On procédera de la même manière pour former

la liste spéciale que j'appellerais liste des *Lettrés* ;
terme qui fait naître l'idée de la seule distinction
qui n'inspire point d'envie. Je prendrais pour premiers indicateurs, non les Maires des communes
mais les Juges de paix qui indiqueraient quatre
citoyens de leur canton, y compris le Juge de
paix lui-même ; on formerait de toutes les indications des Juges de paix une liste partielle d'arrondissement sur laquelle le Tribunal et le Sous-Préfet exerceraient la même faculté qui leur est donnée relativement aux listes ordinaires. Le Tribunal criminel et le Préfet feraient ensuite, respectivement la même opération sur la liste composée
de ces listes partielles.

Il semble que cinq autorités travaillant successivement à perfectionner ces listes et y mettant
une louable émulation, on a lieu de s'attendre
que tous les hommes d'un mérite distingué y
seront employés ; qu'on n'aura plus à s'indigner de
ces méprises grossières qui furent souvent le fruit
de l'insouciance portée dans une opération trop
souvent répétée. Chacune des listes ne se renou-
vellant que tous les trois ans, il sera permis de
donner à chaque autorité un temps suffisant pour
faire son travail avec maturité ; et cet appel de
plusieurs pouvoirs à la formation des listes est
le seul moyen d'empêcher qu'on en fasse un abus.

Les Jurés ordinaires seront compétens en général de tous délits. Les Lettrés sont destinés à
juger ceux qui leur seront réservés par arrêté du
Tribunal. Lorsque l'Accusateur public et l'accusé
demanderont respectivement le renvoi de l'affaire
aux Lettrés, le Tribunal ne pourra le refuser. Si
l'une des parties seulement demande ce renvoi,
le Tribunal examinera si la complication de l'affaire, l'espèce des moyens, les habitudes de l'accusé doivent le faire ordonner ; mais dans aucun

cas la demande du renvoi ne pourra être formée après la confection du tableau des Jurés ordinaires primitivement destinés à juger l'accusé.

On ne peut appercevoir aucun inconvénient à donner au Tribunal le droit de statuer dans ce cas. La loi ne peut déterminer par des dispositions générales les affaires qui requièrent le ministère des Lettrés. Ceux qui ont quelque pratique des matières criminelles ont reconnu que souvent telle affaire attribuée aux Jurés ordinaires présentait beaucoup de complication, tandis qu'une autre que la loi déferait à un Jury spécial était de la plus grande simplicité.

Je persiste à penser que la session du Jury ordinaire doit avoir lieu tous les mois, sauf à autoriser le Tribunal, dans le cas où les affaires sont rares, à la tenir seulement de deux mois en deux mois. Mais celle du Jury des Lettrés n'aura lieu que quatre fois par an, au commencement de chaque trimestre ; et pour empêcher l'abus qui pourrait s'introduire de réclamer ou d'ordonner, sans des motifs puissans, le renvoi des affaires à ce Jury, je pense qu'il serait prudent d'ordonner que ses sessions ne pourraient excéder huit jours, hors le cas de débats commencés.

www.ingramcontent.com/pod-product-compliance
Lightning Source LLC
Chambersburg PA
CBHW030315220326
41519CB00069B/5202